汉竹●健康爱家系列

宝贝，早餐吃什么

刘长伟 主编

汉竹 编著

汉竹图书微博
http://weibo.com/2165313492

读者热线
400-010-8811

江苏凤凰科学技术出版社 | 凤凰汉竹
全 国 百 佳 图 书 出 版 单 位

前言

每天都在发愁早上做什么给宝宝吃？

还要上班，做早餐时间不够？

做好了，宝贝不爱吃？

担心搭配不合理，宝贝营养不够？

……

本书本着简单、营养的原则，从粥、饼、面、米饭、馒头、花卷、包子、饺子、馄饨、开胃小菜、豆浆、西点等多角度全方位打造营养早餐，每个菜品 都配有步骤图，做法一目了然。厨房心得告诉你一些做饭的技巧和妙方，让做饭更简单、更美味。营养解析告诉你所有食材对宝贝的成长作用，让妈妈有针对地根据宝贝的需要做饭。附赠的营养点餐单更是可以培养宝贝对食物的认知，开发智力。宝贝点，妈妈做，与其说是平淡地吃饭，不如说是一场有关爱的亲子游戏。

让妈妈做得容易，让宝贝吃得欢喜。

目录

早餐之冠属鸡蛋，九种做法不重样

只有馒头怎么吃，切丁切片滋味足

动动脑，剩米饭也能变美食

牛奶也能大变身，各种食材巧搭配

第一章 滋补营养早餐粥，给孩子满满一碗爱

第二章

香喷喷的早餐饼，让宝贝食欲大增

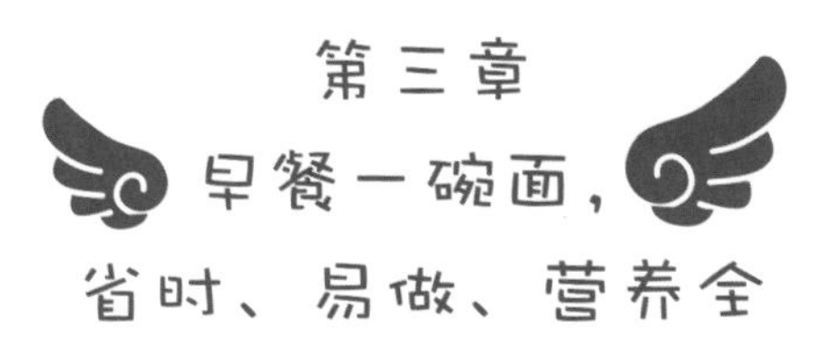

第三章

早餐一碗面，省时、易做、营养全

第四章

米饭混搭新花样，瓜果蔬菜一碗烩

第五章

馒头、花卷、大包子，早餐主食不可少

第六章

饺子、馄饨换着吃，煎煮蒸炸花样多

第七章

营养小菜花样做，美味可口百搭吃

第八章

五谷杂粮做豆浆，米糊果汁总动员

第九章

锦上添花的西式餐点，给宝贝多一点惊喜

早餐之冠属鸡蛋，九种做法不重样

1. 水煮蛋

将新鲜鸡蛋洗净，放在盛水的锅内浸泡 1 分钟，然后用中火烧开，再改用温火煮 8 分钟即可。煮熟的鸡蛋应取出来让其自然冷却，或放在凉开水、冷水中降温半分钟，这样容易剥皮。

2. 鸡蛋羹

鸡蛋冲洗干净，准备和鸡蛋等量的温开水。同时，蒸锅中倒上水烧开。鸡蛋磕入碗中，加少许盐，兑入温开水，打散，滤去浮沫。蒙上保鲜膜，用牙签在保鲜膜上戳几个小洞，放入水已煮开的蒸锅中，蒸七八分钟。滴几滴麻油（香油）效果更佳。

3. 煎鸡蛋

在平底锅内放油，等油热了之后，将鸡蛋小心地打入。然后在鸡蛋内加上少许盐，一直煎到蛋液的一面凝结之后，再翻面煎另一面。煎至两面颜色都为金黄色，蛋液全部凝结之后即可盛起装盘。（注意：煎鸡蛋相对不健康，就偶尔一次吧，但对于食欲不佳的孩子来说是个不错的选择。）

4. 炒鸡蛋

将鸡蛋打入碗中，加入葱花、盐搅拌均匀。将油倒入锅中微热至六七成，将蛋汁倒入锅中翻炒即可（油不易多，盖过蛋面）。可用锅铲适时（蛋成型之后）切割。

5. 荷包蛋

把鸡蛋直接打入正在煮着的粥、面条中，小火煮 3 分钟后，焖 5 分钟即可。

6. 蛋花汤

锅内放适量的清水烧开，放入洗净的木耳、小白菜。煮至白菜茎变软后，将鸡蛋直接打入汤中，用筷子调散。最后以盐、葱、胡椒粉、香油调味即可。

7. 卤鸡蛋

锅内加 2000 毫升水，放入五香调料和茶叶，待水开后煮 3 分钟，做成卤汤，端下备用；鸡蛋煮熟，捞出放冷水里激一下，逐个把鸡蛋皮敲破放入卤锅内煮开，离火用卤汤养住备用。上桌时切成月牙状，装盘后浇点卤汤即可。

8. 鸡蛋水

将鸡蛋打入碗内，用筷子搅匀，再放几滴香油，把刚刚烧开的水倒入碗里，同时用筷子搅动。稍停片刻，再往鸡蛋水里放点白糖，一碗甜滋滋的鸡蛋水就冲好了。(注意：糖尽量少放，不然对健康不利。)

9. 酒酿鸡蛋

在锅里加入适量的水，然后加入酒酿，待水开之后打入鸡蛋，待蛋清凝固之后即可起锅，加入白糖或红糖调味即可。(注意：糖尽量少放。)

只有馒头怎么吃，切丁切片滋味足

白菜烩馒头

按照自家喜欢的口味把白菜炒至七成熟(可适当多加些水)，把切好的馒头丁均匀铺到菜上，盖上盖，小火焖3分钟。

中式“汉堡”

馒头横着从中间切开，但不要切断，留大约5毫米厚连着的，在切面抹上一些沙拉酱，夹入鸡蛋、红烧肉或者里脊肉片，还可搭配些蔬菜，一个香喷喷的“汉堡”就做成了。

炒馒头丁

馒头、黄瓜、胡萝卜切成丁备用。鸡蛋打入碗内，打散，炒至七成熟，盛出。锅中放油烧热，放入馒头丁炒至金黄。加入黄瓜和胡萝卜、鸡蛋翻炒，加盐调味即可。

煎馒头片

馒头切片，鸡蛋打散，加入两大勺清水和盐搅拌均匀。锅里放入两大勺油烧热，馒头片在鸡蛋液里沾一下排入锅中。中火煎至馒头两面金黄，沥干油装盘即可。（注意：给孩子煎馒头最好用橄榄油、茶籽油或椰子油，3岁以内的宝贝不适合吃煎炸食品。）

动动脑，剩米饭也能变美食

煎米饼

剩米饭摊开，风干一点，压成薄片，放锅里煎至两面金黄即可。煎米饼最好用橄榄油或椰子油，且3岁以内内的幼儿应少吃或不吃。

米饭锅巴

剩米饭加鸡蛋、白糖、糯米粉拌匀，压制成方形薄饼，煎至两面金黄即可。做锅巴最好用橄榄油或椰子油，且3岁以内的幼儿应少吃。

蛋炒饭

黄瓜、里脊肉切成丁备用。鸡蛋打入碗内，打散，放入米饭拌匀。米饭放锅里翻炒，加入黄瓜和肉丁翻炒至熟。

米饭肉丸子

米饭和肉馅搅拌均匀，用手搓成圆球形，放入油锅炸至金黄色即可。

牛奶也能大变身，各种食材巧搭配

香蕉牛奶

香蕉半根去皮切块，和 200 毫升牛奶一同放入搅拌机，搅拌均匀即可。倒入杯子后还可加蜂蜜调味。（注意：1 岁以内的幼儿不建议食用蜂蜜。）

牛奶炖蛋

鸡蛋打散，搅拌均匀。加入牛奶，搅拌均匀。把蛋液过筛，滤去浮沫，加盖保鲜膜，用牙签扎几个小孔，放入笼中蒸。用中大火蒸 10 分钟即可。

牛奶冻

牛奶和少量糖混合，加入面粉、果粉、淀粉搅拌成稀糊状，过滤均匀，上火蒸 15 分钟，放入冰箱冷藏。1 个小时后切块。可以直接吃，也可以蘸果酱、奶粉吃。

牛奶粥

先将大米煮成半熟，盛出多余的米汤，加入牛奶，小火煮成粥，加入白糖搅拌，充分溶解即成。

牛奶排骨汤

排骨切小块，洗净焯水，放入锅内，倒入牛奶(以淹没排骨为宜)，煲1个小时，加少量盐调味即可。可用电饭煲的预约功能。

牛奶馒头

和面时用牛奶代替水，蒸出来的馒头不但含有牛奶的营养，还香甜可口，宝贝更爱吃。

第一章

滋补营养早餐粥，给孩子满满一碗爱

粥是中国传统的佐餐食品，美味营养又易消化。粥的品种多样，包含的材料也不胜枚举，有米、豆、菜、蛋、肉……早上，给孩子来一碗热腾腾的营养粥，既暖胃又暖心。

营养八宝粥

——电饭煲的 morning call

早上的分分秒秒都是宝贵的，想要在早上争取时间就要借助两个"帮手"：做饭工具和头天晚上的时间。电饭煲的预约功能一定是特别为解决这个问题而存在的，当你预约过一次早餐粥后就会发现这种奇妙的感觉，前一晚还是米，第二天一早就神奇般地变成了粥，电饭煲向您问声早。香喷喷的八宝粥唤醒熟睡的宝贝，小宝贝睡眼惺忪，又眼巴巴望着热气腾腾的八宝粥，宝贝喝了开胃又暖胃。

时间

50 分钟

材料

红小豆、板栗、红枣各 10 克，糯米、紫米各 50 克。

做法

① 前一晚将板栗去皮洗净，掰成小块；红枣去核洗净；红小豆、紫米、糯米分别洗净。

② 将洗净后的所有材料放入电饭煲中，加入适量水。

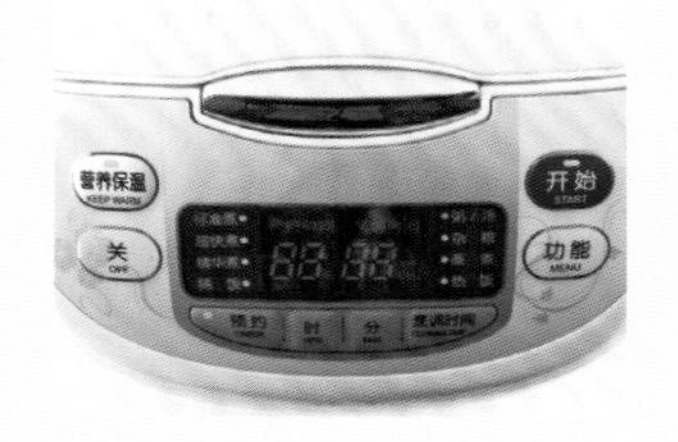

③ 将电饭煲设置到预约功能，预约煮粥的时间在起床前 1 小时即可。

④ 第二天早上，看到粥煮至熟烂即可。

厨房心得

用电饭煲预约煮粥的最大优点是省去了早上煮粥的时间。其次，经过一夜的浸泡，米和豆能充分溶于水，煮出来的粥更加美味、营养。需要注意的是，电饭煲预约适合春、秋、冬三季，夏季天气炎热，食材容易变质，不适宜预约粥。

营养解析

糯米有健脾功效，配上营养丰富的紫米和红枣，可以增进食欲、健脾暖胃。红小豆有利水的功效，可以调节宝贝的肾功能，粥里加红小豆还能提升口感，让宝贝更爱喝。板栗属于坚果类，但其淀粉含量高，能够为宝贝提供充足的碳水化合物，常吃板栗还能够为宝贝的成长发育提供多种维生素和矿物质，能提高宝贝的免疫力，有强身健体的功效。八宝粥更适合 3 岁以上的宝贝食用。

蔬菜肉末粥

——给不爱吃青菜的宝贝

宝贝不爱吃青菜是很多妈妈都头疼的问题，怎么做宝贝都摇头说“NO”，那就做成青菜肉末粥吧，白色的大米、嫩绿的青菜、香香的肉末，光看卖相就让人垂涎欲滴了，而且口感也十分鲜香。

口味重的宝贝可以加少许盐调味，出锅后淋几滴香油也不错。

时间

50 分钟

材料

青菜 5 棵，熟肉末 15 克，大米 100 克。

做法

① 将青菜洗净，放入开水锅内煮软，切碎备用。

② 将大米洗净，放入锅内，预约煮粥的时间在起床前 40 分钟即可。

③ 起床后加入切碎的青菜和肉末，再煮 10 分钟即成。

厨房心得

青菜焯水可以保持色泽，除掉异味、涩味和草酸等。

焯蔬菜的时候，在水中加点盐和油，可以让蔬菜色泽更加鲜艳，还能保持蔬菜的营养。

在蔬菜投入沸水之前加盐，在投入之后加油，蔬菜在盐的渗透作用下所含的色素会充分显现出来，而油则会包裹在蔬菜周围，在一定程度上阻滞了水和蔬菜的接触，减少了水溶性物质的溢出，还能减少空气、光线、温度对蔬菜的氧化作用，使其在较长时间内不会变色。

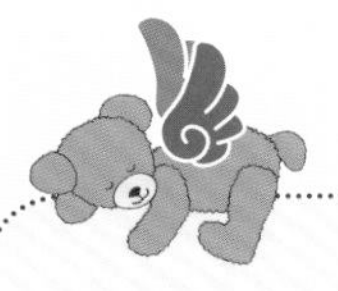

营养解析

青菜中含有大量的 β-胡萝卜素，也含有维生素 B_6、叶酸和钾。肉末含优质蛋白，含铁丰富，易吸收。此粥黏稠适口，含有婴幼儿发育需要的蛋白质、碳水化合物、钙、磷、铁和维生素 C 等多种营养素。

山药葱花粥

——唤醒宝贝的味蕾

宝贝小的时候容易出现消化不良、肚胀、腹泻。尤其是刚断奶的宝贝，更容易出现这种情况。作为父母看着宝贝，吃东西没胃口、消化不良，想尽办法的给宝贝买助消化的口服液啊，冲剂啊，孰不知是药三分毒。疼爱宝贝的父母，何不从饮食方面多注意调养一下，给家中的宝贝煲一碗开胃的山药葱花粥。

时间
30 分钟

材料
鲜山药 100 克，
大米 100 克，
葱白 1 小段，
盐适量。

做法

① 将山药洗净，去皮切片。葱切末备用。

② 将大米洗净，和山药一同放入锅内，预约煮粥的时间在起床前 40 分钟。

③ 起床后加入盐及葱花，再煮 5 分钟即成。

厨房心得

切山药时手痒，可以在切之前把手放在稀释的醋中浸泡一下，就不会痒了。

营养解析

山药味甘性平，是一种性质平和的滋补脾、肺、肾的食物。据近代医学研究，山药含有淀粉酶、胆碱、黏液质、糖蛋白、碳水化合物等。山药中所含的淀粉酶，有人称之为“消化素”，能健脾益胃、助消化，但山药主要含有淀粉类，其口感清脆，适合煮粥或炒菜、煲汤。

虾仁菠菜粥

——满足成长所需蛋白质

玲珑剔透的虾仁，新鲜翠绿的菠菜，这款虾仁菠菜粥不仅“卖相出众”、清淡爽口，还能在补充大量蛋白质的同时，减少脂肪的摄入，为宝贝的健康成长保驾护航！

虾仁菠菜粥也是宝贝补钙的药膳。

时间
50分钟

材料
鲜虾3只，菠菜1棵，大米100克。

做法

1 将菠菜去茎、留叶，洗净用刀切成细丁，用开水焯一下。

2 鲜虾去头和壳，洗净切丁。

3 将大米洗净，放入锅内，预约煮粥的时间在起床前40分钟。

4 粥煮好后放入鲜虾、菠菜，再煮3分钟即可。

厨房心得

市场上出售的虾仁大多是速冻制品。因此，解冻方法是否科学，将直接影响虾仁的新鲜度。在日常生活中，最理想的方法是在常温下慢慢解冻虾仁，或者放在慢慢流动的自来水中解冻。如果时间紧，也可以用微波炉解冻。当然，最好的是买活虾自己动手将其加工成虾仁。

营养解析

虾营养丰富，含蛋白质高，脂肪低，还含有丰富的钾、钙、镁、磷等矿物质及氨茶碱等成分，且其肉质松软，易消化。另外，多吃虾仁可以很好地补钙，菠菜可以补叶酸和胡萝卜素，二者合一对1岁以上的宝宝的身体发育是非常有帮助的。

核桃紫米粥

——健康成长离不开坚果的滋养

剥好了核桃，宝贝就是不肯吃，连蒙带骗放到嘴里又吐了出来……核桃虽好，可是没什么味道，宝贝不爱吃怎么办？放到宝贝爱喝的粥里煮一煮，没准宝贝会爱上"变身"后的核桃哦！

时间
45 分钟

材料
核桃 2 个，紫米 100 克。

做法

① 将核桃去壳，洗净。

② 紫米洗净，放入锅内煮开。

③ 加入核桃仁再煮 30 分钟即可。

厨房心得

核桃仁也可以研成碎末再煮，口感更好。粥煮好后也可以根据口味加糖、盐或蜂蜜调味。不过，1 岁以内的宝贝要少放。

营养解析

紫米含有碳水化合物、蛋白质、维生素 B_1、维生素 B_2、叶酸、蛋白质、脂肪等多种营养物质，以及少量铁、锌、钙、磷等人体所需矿物元素。核桃含有丰富的不饱和脂肪酸、矿物质和维生素 E，能健脑、增强记忆力。

芋头香粥

——美味又营养

相传林则徐在广州禁烟时，有一次宴请外国领事，有一道芋泥，颜色灰白，表面闪着油光，看上去没有一丝热气。那些领事以为那是一道凉菜，于是用汤匙舀了直接就往嘴巴里送。哈哈！上当了，领事们被烫得哇哇乱叫……

芋头香粥很适合体质虚弱的宝贝调理食用。

时间

20 分钟

材料

芋头 2 个，大米、小米各 50 克。

做法

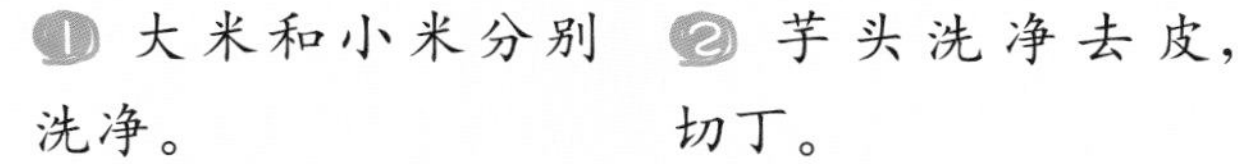

① 大米和小米分别洗净。

② 芋头洗净去皮，切丁。

③ 将大米、小米和芋头放入锅内，预约煮粥的时间在起床前 40 分钟即可。

厨房心得

淘小米时不要用手搓，忌长时间浸泡或用热水淘米，可以更好地保存小米的营养价值。芋头熟软后比较容易糊，煮粥过程中要注意多搅拌。

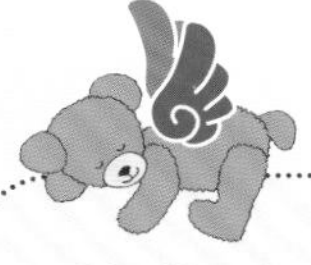

营养解析

芋头中含有碳水化合物、钾、镁、钠、胡萝卜素、烟酸、皂角甙等多种成分，营养价值丰富。小米营养价值相对大米要高，很多矿物质和维生素是大米的好几倍，且容易消化吸收，很适合宝贝食用，一般 8 个月以后的宝宝就可以尝试吃小米粥了。

南瓜牛奶粥

——“牙口”不好宝贝的特供早餐粥

给宝贝变个魔术吧，原本一大块南瓜，经过洗、蒸、压、煮，变成了看不见南瓜块的南瓜粥，这是怎么回事呢？南瓜泥、糯米粉和牛奶煮成糊糊粥，不用嚼即可下咽，让牙齿尚未长全的宝宝尽情地享受狼吞虎咽吧。

时间

40 分钟

材料

南瓜 150 克，糯米粉 50 克，牛奶 200 毫升。

做法

① 南瓜去皮，隔水蒸熟，压成泥。

② 锅中倒入牛奶和糯米粉，小火熬煮 5 分钟。

③ 倒入压好的南瓜泥，再煮 2 分钟。

厨房心得

熬煮的时候一定要不停地搅拌，否则很容易煳锅。

营养解析

南瓜含丰富的胡萝卜素、一定量的碳水化合物和纤维素等，营养丰富，尤其是那又甜又面的口感，深受小朋友的欢迎。

黄豆猪骨粥

——春季“拔高”正当时

总是喝大米粥、小米粥觉得太素了，宝贝的胃口也亮起了黄牌警告，是该变换一下了。试试做一次黄豆猪骨粥吧，换一换口味，搭配一点主食，即可成为一顿美味又营养的早餐。

时间

1.5 小时

材料

猪排骨 150 克，大米 100 克，黄豆、生姜、盐各适量。

做法

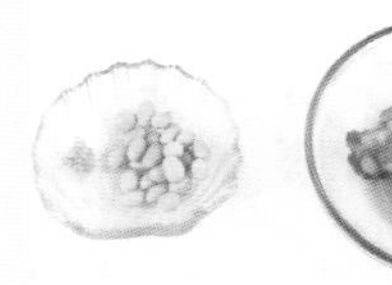

① 将猪排骨切断，焯水洗净。生姜切末。黄豆洗净，浸泡半小时。

② 将猪排骨、生姜放入锅内，大火煮 15 分钟，小火煮 30 分钟。

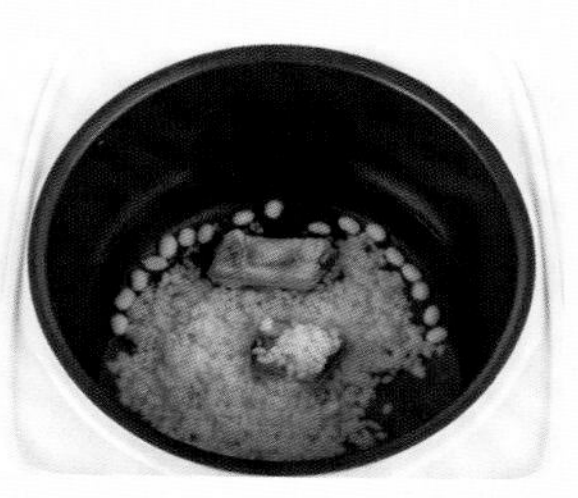

③ 加入黄豆和大米，再煮 30 分钟，加入盐调味即可。

厨房心得

生黄豆中含有抗胰蛋白酶因子，影响人体对黄豆内营养成分的吸收。所以食用黄豆及豆制食品，烧煮时间应长于一般食品，以高温来破坏这些因子，提高黄豆蛋白的营养价值。

营养解析

猪骨含有丰富的饱和脂肪酸、蛋白质，以及维生素 A、铁等。黄豆含有多种营养素，营养价值比较高，但不易消化吸收，整粒黄豆不适合 3 岁以内的幼儿，也可将黄豆改为豆腐，就容易消化吸收了。

猪肝绿豆粥

——让绿豆为酷暑降温

妈妈，猪肝怎么是这个样子的呀？

吃猪肝有什么好处？

为什么要放绿豆呀？

……

小宝贝总是有无穷的问题，妈妈也有无穷的方法，让宝贝无忧无虑地享受夏天！

时间
50分钟

材料
猪肝、大米、绿豆各50克。

做法

① 大米、绿豆洗净，浸泡30分钟。

② 猪肝洗净切成条。

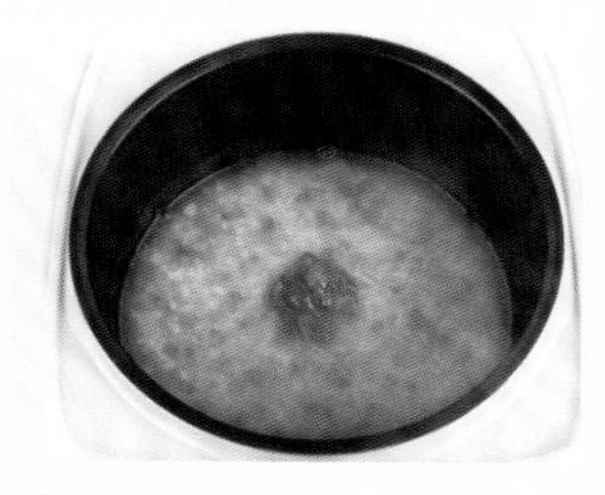

③ 将大米、绿豆放入锅内大火煮至软烂。

④ 加入猪肝再煮2分钟即可。

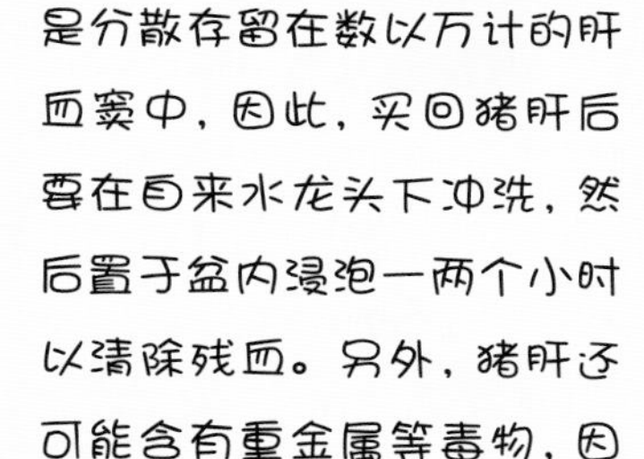

厨房心得

由于猪肝中有毒的血液是分散存留在数以万计的肝血窦中，因此，买回猪肝后要在自来水龙头下冲洗，然后置于盆内浸泡一两个小时以清除残血。另外，猪肝还可能含有重金属等毒物，因此要保证其来源的安全性。

营养解析

猪肝富含维生素A、B族维生素和微量元素铁、锌等，可补肝明目、养血。绿豆是夏令饮食中的上品，盛夏酷暑，人们喝些绿豆粥，甘凉可口，防暑消热。

龙眼栗子粥

——秋季滋补首选栗子

栗子被称为“干果之王”，益气补脾，健胃厚肠。秋天，栗子大量上市，新鲜美味，多买一些放起来，可以做栗子粥、栗子饼，还可以煮着吃、炒着吃……

栗子不宜一次吃得太多，否则会引起消化不良。

时间
50 分钟

材料
鲜栗子、大米各100 克，龙眼肉15 克。

做法

1. 将大米洗净，浸泡30 分钟。

2. 栗子去壳，洗净。

3. 大米、栗子放入锅中，大火煮开，小火再煮 30 分钟。

4. 加入龙眼肉，煮 10 分钟即可。

厨房心得

生栗子去壳比较麻烦，可以用淡盐水烧开后把生栗子放入浸泡 5 分钟，然后取出，这种方法不仅去壳容易，就连里面的皮也会很容易地随着壳剥开。

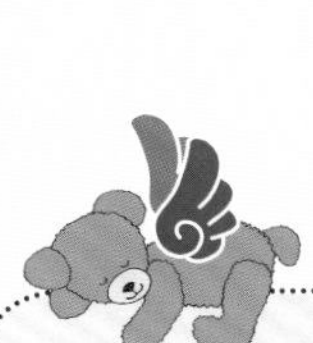

营养解析

龙眼含丰富的葡萄糖、蔗糖等，可以提高热能、补充营养。栗子含丰富的淀粉和维生素、矿物质。龙眼栗子粥是甜甜的易消化主食，能让宝贝拥有十足的力气。

滑蛋牛肉粥

——冬季进补多吃肉

滑蛋牛肉粥，营养自然不必多说，味道更是鲜咸可口，好吃到停不了口，呵呵。秋天寒易伤肺，与其大动干戈地想着怎么滋补养生，不如选择最容易上手的粥品吧。一碗粥，淡而悠长的味道，让宝贝在滋补的同时品出一份宁静和温情吧。

打入鸡蛋要趁粥滚烫的时候，搅拌均匀更好吃哦。

时间

30分钟

材料

牛里脊肉50克，大米100克，鸡蛋1个，姜丝、胡椒粉、香菜末、料酒、盐各适量。

做法

① 牛里脊肉切片，加料酒、盐腌30分钟备用（可以前一晚弄好放冰箱冷藏）。

② 大米洗净，放入锅内，预约煮粥时间可以定在起床前30分钟。

③ 在开着的粥里加入牛里脊肉片至肉色变白，打入鸡蛋关火。

④ 盛入碗内，加姜丝、胡椒粉、香菜末即可。

厨房心得

牛里脊肉片不要煮太久，以免过老影响口感。蛋黄要趁粥滚烫的时候搅拌均匀哦。牛里脊肉一定要煮得够烂才行，否则不易嚼烂。

营养解析

牛肉营养丰富，其优质蛋白质含量很高，而且含有较多的矿物质，如铁、硒等。尤其铁元素含量较高，并且是人体容易吸收的动物性血红蛋白铁，比较适合6个月到2岁容易出现生理性贫血的宝宝，对宝宝的生长发育很有帮助。

三米龙眼粥

——五谷滋养从早开始

传说以前杨贵妃生病了，什么东西都不吃，有位大臣向皇上推荐一种水果给杨贵妃吃，杨贵妃看到这个水果就有了食欲，吃下去之后，病就好了，皇上因此给这种水果取名叫龙眼。今天让宝贝也尝一尝这个皇家宝贝的神奇魔力吧。

时间
40 分钟

材料
薏米 30 克，紫米、糯米各 50 克，龙眼肉、红糖各 15 克。

做法

① 将薏米、紫米、糯米淘洗干净，连同龙眼肉一起放入锅内，预约煮粥的时间在起床前 40 分钟即可。

② 粥熟后，加入红糖搅拌均匀，再焖 1 分钟即可。

厨房心得

薏米较难煮熟，在煮之前需以温水浸泡 2~3 小时，让它充分吸收水分，再与其他米类一起煮就很容易熟了。

营养解析

薏米含有多种维生素和矿物质，具有保健功能，但一定要煮烂。紫米含有碳水化合物、蛋白质、钙、磷、维生素 B_1、维生素 B_2、烟酸等，营养丰富。三米龙眼粥更适合 3 岁以上的小朋友，1~3 岁的小朋友进食，需要煮得更烂一点。

香蕉葡萄干粥

——宝贝都爱水果粥

宝贝的饮食一般比较精细，肠胃功能也比较弱，又没有形成规律的排便习惯，很容易就出现便秘。偶尔给宝贝做一碗香蕉葡萄干粥吧，既能轻松解决棘手的难题，也能增加宝贝饮食的多样性。

也可以用其他水果代替香蕉，如做成苹果粥等。

时间
40分钟

材料
香蕉1根，葡萄干10克，大米100克。

做法

①香蕉切块，捣成泥。

②将大米洗净放入锅内，预约煮粥的时间在起床前40分钟即可。

③起床后加入香蕉泥，搅拌均匀后撒上葡萄干即可盛出食用。

厨房心得
也可以用剩下的大米饭，加一些水煮开后，加入香蕉泥小火煮5分钟，撒入葡萄干即可。

营养解析
香蕉含有大量的钾和一定量的膳食纤维，有助于肠胃蠕动，还能提高宝贝的肠胃功能。部分便秘宝贝进食香蕉后明显改善。

胡萝卜糙米粥

——保护宝贝的视力

小宝贝都不爱吃糙米，但是糙米又有丰富的营养，怎么办呢？这就要看妈妈的功力如何了。浸泡时间长一点，糙米煮得烂一点，再加一些甜甜的胡萝卜，口感细腻了，味道变甜了，宝贝还有什么理由不爱吃呢？

时间

30 分钟

材料

胡萝卜 1 根，糙米 100 克。

做法

① 胡萝卜洗净，切成丁备用。

② 将糙米洗净，同胡萝卜一起放入锅内，预约煮粥的时间在起床前 30 分钟即可。

厨房心得

也可以将胡萝卜、糙米放进豆浆机打成糊，口感会更好。

营养解析

胡萝卜含有丰富的胡萝卜素，有利于在体内转化成维生素 A，维持儿童正常发育。研究表明，糙米中钙的含量是普通大米的 1.7 倍，含铁量是 2.75 倍，烟碱素是 3.2 倍，维生素 B_1 有 12 倍，维生素 E 是 10 倍，纤维素高达 14 倍。3 岁以内的幼儿可以偶尔用来丰富早餐,3 岁以上可经常进食。

第二章

香喷喷的早餐饼，让宝贝食欲大增

饼是广受人们喜爱的面食，种类丰富多样，有带馅的，有不带馅的；有煎的，有烙的；有荤的，有素的；有死面、烫面的，还有发面的……宝贝爱吃哪种呢？还得妈妈做了才知道。

时蔬鸡蛋饼

——任意搭配宝贝喜爱的蔬菜

煎鸡蛋孩子不爱吃？那就试试这款蔬菜鸡蛋饼吧，既增加了口感，又多了营养，在鸡蛋里加点面粉又可当主食，还可挑选搭配菠菜、蒜苗、韭菜……真是百变鸡蛋饼。

时间
10 分钟

材料
蒜苗 1 小把，鸡蛋 2 个，盐适量。

厨房心得
这个蛋饼叫做鸡蛋盒子也不为过，两面煎黄的鸡蛋，中间夹上鲜嫩的蒜苗，这样蒜苗的水分不会流失，吃起来就更加鲜嫩了。

做法

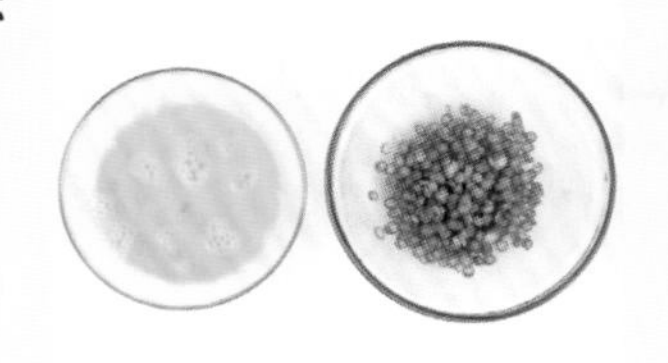

① 蒜苗洗净切碎(可前一晚备好放入冰箱冷藏)。鸡蛋打入碗内，加少许盐搅拌均匀。

② 将锅烧热，放少许油，改小火，倒入一半鸡蛋，转一圈，使蛋液均匀。

③ 把蒜苗均匀地撒在蛋饼上，将剩下的蛋液浇在蒜苗上。

④ 待表面凝固后翻面煎熟即可。

营养解析
也可以用其他时令蔬菜代替蒜苗。蔬菜含有大量的膳食纤维和维生素，搭配鸡蛋可以给孩子补充充足的营养。但要注意煎制过程最好使用不粘锅，油温不要太高，最好用橄榄油，避免油在高温下产生不利于健康的致癌物等。同时，注意搭配主食营养才会更均衡。

胡萝卜洋葱饼

——色彩冲击，好吃停不了

很多小宝贝都不爱吃蔬菜，切碎了放进面糊里，做成煎饼，蔬菜不见了，只有香喷喷的煎饼，又香又脆，吃一口就再也停不下来……

时间

20 分钟

材料

洋 葱 1/4 个，胡萝卜半根，鸡蛋 2 个，面粉 50 克，葱花、盐各适量。

厨房心得

胡萝卜和洋葱丁切得越小越好，这样容易熟，口感也好。

做法

1 洋葱、胡萝卜洗净，切小丁；加入葱花，拌匀。

2 将面粉加水搅拌均匀，加入鸡蛋液和切好的菜丁，搅拌均匀。

3 将锅烧热，放少许油，倒入适量面糊，转一圈，使面糊均匀。

4 待表面凝固后翻面煎熟即可。

营养解析

胡萝卜富含多种维生素，有助于细胞增殖与生长，是机体生长的要素，对促进婴幼儿的生长发育具有重要意义。洋葱含有独特的香味，能够激发宝贝的味蕾，让宝贝胃口大增。

南瓜烫面饼

——软甜香醇的中式糕点

每年的 10 月 31 日是万圣节，在西方很多国家，当天人们要吃南瓜派，做南瓜灯，以祭祀亡魂，避免恶灵干扰，也以食物祭拜祖灵及善灵以祈平安度过严冬。当晚小孩会穿上化妆服，戴上面具，挨家挨户收集糖果……

时间

50 分钟

材料

南瓜 200 克，
面粉 150 克。

做法

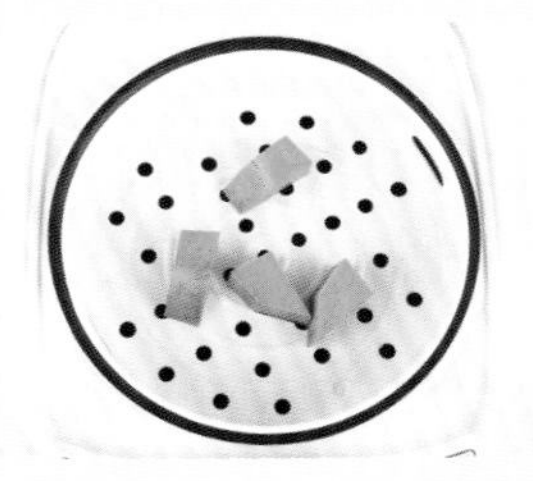

① 南瓜洗净，切块，放蒸锅蒸熟。

② 把蒸熟的南瓜趁热放入面粉中，搅拌均匀。

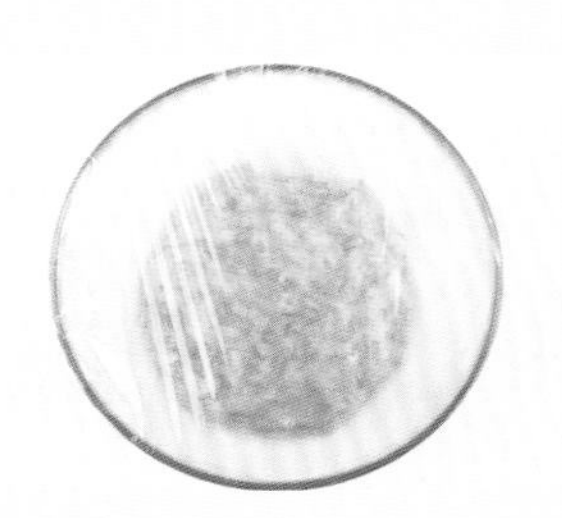

③ 和成光滑的面块醒 20 分钟。

④ 把面团分割成小剂子，擀成薄饼，放入平底锅，小火慢烙。

⑤ 煎至两面微黄即可出锅。

厨房心得

因为是烫面，所以面饼很好熟。少量南瓜可以放入微波炉中叮熟。因为南瓜泥的含水量不同，所以用量可自行调整。

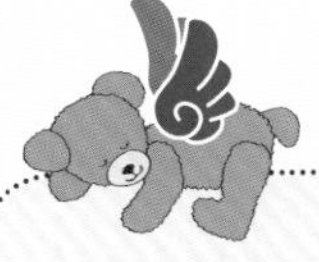

营养解析

南瓜含有丰富的胡萝卜素和多种矿物质，β-胡萝卜素在体内转化成维生素 A，而维生素 A 有保护视力，维持皮肤黏膜的功效。所含膳食纤维则有利于维护肠道功能。

鲜肉馅饼

——补充能量从早餐开始

偶尔嘴馋的时候，也想在早晨吃上几口满口留香的肉馅饼，再搭配一碗小米粥。要是懒得早起也可以提前做好，放在冰箱中冷冻保存，吃的时候在微波炉里加热一下即可。

可以根据宝贝的口味做成牛肉馅饼、素馅饼等。

时间
40 分钟

材料
面粉 200 克，猪肉馅 150 克，发酵粉、姜末、盐各适量。

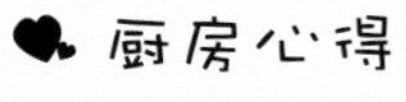

厨房心得

肉馅用三分肥七分瘦的最好。肉馅一次用不完，可放入冰箱冷藏第 2 天再用，但不可长期存放。面饼皮也不宜擀得太薄，否则不容易发起来。

做法

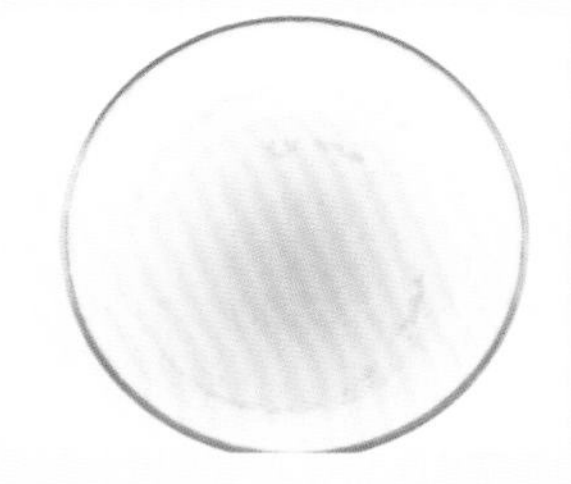

① 发酵粉用温水调和，倒入面粉中，搅拌成絮状。

② 和成光滑面团，封上保鲜膜，发酵至 2 倍大。

③ 姜末、盐放入肉馅中，顺一个方向搅拌，直至搅拌均匀、馅有黏性。

④ 取面团分成 4 份，擀成圆形，包入馅料，擀成圆饼。

⑤ 平底锅烧热放油，放入饼坯，煎至两面金黄即可。

营养解析

猪肉含有丰富的优质蛋白质，同时为宝贝提供铁、锌等营养素。发面食品含有人体所需维生素 B_1，可以起到调节新陈代谢，维持皮肤和肌肉的健康，增进免疫系统和神经系统功能的作用。

三丝卷饼

——给宝贝更全面的营养

做卷饼是一个简单和美味兼顾的选择，里面的菜还可以换着花样做，也不用和面、发面，而且集鸡蛋、主食、蔬菜于一体，一举三得。

三丝卷饼搭配一碗小米粥，真的是中式早餐的不二之选。

时间

20 分钟

材料

黄瓜、胡萝卜各半根，午餐肉 5 片，鸡蛋 1 个，面粉 50 克，盐适量。

做法

① 黄瓜、胡萝卜洗净切丝，午餐肉切条。

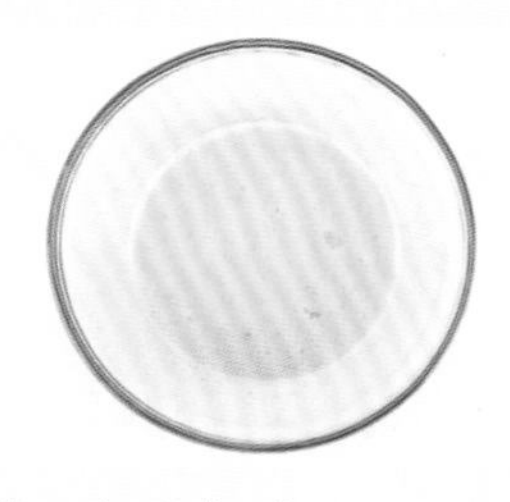

② 鸡蛋打散，加入面粉和盐，搅拌均匀。

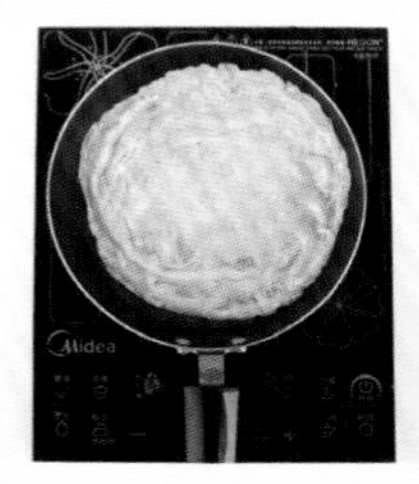

③ 锅烧热放油，淋入面糊，转一圈，使面糊铺开。

④ 凝固后翻面，放上黄瓜丝、胡萝卜丝和午餐肉，关火卷起来即可。

厨房心得

面糊一定要搅拌至均匀无颗粒状，做出的饼才能光滑细腻口感好。如果用现做的里脊肉代替午餐肉，营养更高更健康。

营养解析

黄瓜很爽口，含有一定量的维生素 C，在夏季常是家庭必备菜。午餐肉的主要营养成分是蛋白质、脂肪等，矿物质钠和钾的含量也较高，且肉质细腻，口感鲜嫩，风味清香，很容易引起宝贝的兴趣。但从营养角度，不推荐宝贝进食较多的加工肉类，包括火腿、午餐肉等。

紫薯芝麻饼

——让色彩增加宝贝的食欲

总是吃大米、面粉这些精细粮食，偶尔吃一些薯类粮，给肠胃增添一些新动力，又能满足宝贝追求稀奇的心理，何乐而不为呢？

吃紫薯饼时搭配一些高蛋白的食物营养更全面。

时间
30 分钟

材料
紫薯 300 克，糯米粉、芝麻各适量。

做法

① 紫薯洗净去皮，切小块，放入蒸锅蒸熟。

② 蒸熟的紫薯碾成泥，加入糯米粉，揉成光滑的面团。

③ 把面团分割成小剂子，擀成圆薄饼。

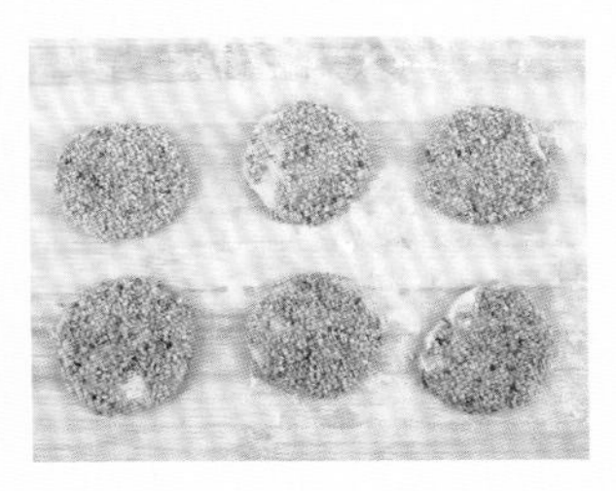

④ 在饼上撒一些芝麻，再擀一下。

⑤ 锅烧热放油，放入薄饼，烙至两面金黄即可。

厨房心得

糯米粉的量要根据紫薯含水量的多少来定，面团柔软不粘手为好。饼擀得薄一些，做出来会更酥脆可口。

营养解析

紫薯富含蛋白质、淀粉和一定量的果胶、纤维素、维生素及多种矿物质，同时还富含硒元素和花青素。芝麻含有大量的脂肪和蛋白质、维生素 E、钙、铁、镁等营养成分。紫薯芝麻饼既美味又营养，是宝贝的独特主食。

香煎土豆丝饼

——给“土豆粉”宝贝的盛宴

早上炒菜费时间？那就试一试把菜融进煎饼里吧。既有主食，又有蔬菜，搭配一杯牛奶，一顿美味又营养的早餐便完成了。

时间
30 分钟

材料
土豆 1 个，面粉、椒盐各适量。

做法

① 土豆去皮，洗净、擦丝。

② 加入适量面粉和水，加入椒盐调味。

③ 锅里放油，油热后，放入搅拌好的土豆丝，小火慢煎，一面煎熟后，翻过来煎另一面，直至两面金黄。

厨房心得
也可以用淀粉代替面粉，口感更好。如果喜欢，还可以加入胡萝卜丝。

营养解析
土豆含有丰富的淀粉和钾。面面软软的土豆是宝贝的最爱，宝贝适量摄入薯类，如土豆、红薯、紫薯等，非常有利于健康。香蕉土豆饼偶尔作为 3 岁以上宝贝的早餐，或许会提起宝贝的食欲哦。

瓜丝煎饼

——清香扑鼻的诱惑

嫩嫩的西葫芦擦成丝，拌进面糊里，摊成薄薄的煎饼，外层的瓜丝饼烙成了金黄，嫩绿的瓜丝隐隐露出，咬一口，外脆内软，回味悠长，保证宝贝总是吃了还想吃。

做面糊时加入一个鸡蛋可以使煎饼更松软。

时间

30分钟

材料

西葫芦半个，面粉、盐各适量。

做法

1. 西葫芦洗净，擦成丝。

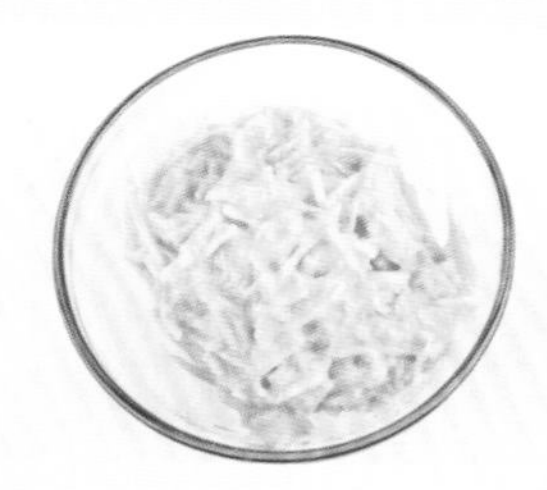

2. 加入适量面粉和水，加入盐调味。

3. 锅里放油，油热后，放入搅拌好的面糊，小火慢煎，一面煎熟后，翻过来煎另一面，直至两面微黄。

厨房心得

加一个鸡蛋进去，既可以增加营养，又可以使煎饼的口感更好。

营养解析

西葫芦含一定的碳水化合物、矿物质和维生素等物质，具有独特的外形和与众不同的风味，做成瓜丝煎饼偶尔作为早餐，很容易唤起孩子的食欲。

家常发面饼

——品尝妈妈的味道

长大了总会回想起小时候妈妈给做的发面千层饼，一层一层剥着吃，中间夹杂着盐、香油、花椒面，食材很朴素，味道却很珍贵，就像母爱一样，简单却永远陪伴着我们。如今我们做了妈妈，除了这种最原始的味道，还有什么更能让将来远行的孩子回忆起最初的依恋？

揉面时加点牛奶、鸡蛋，做出的饼会更香甜。

时间
45 分钟

材料
面粉 200 克，发酵粉适量。

做法

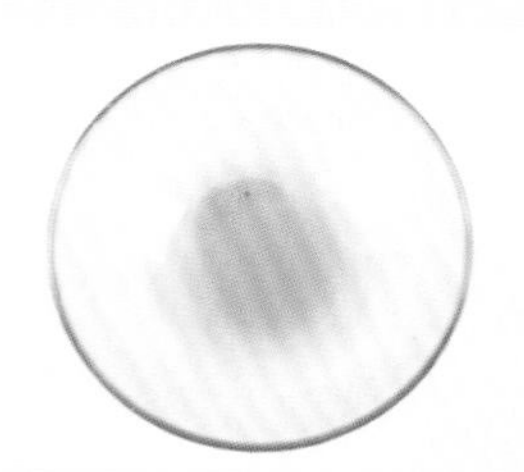

① 发酵粉加适量温水调和均匀。

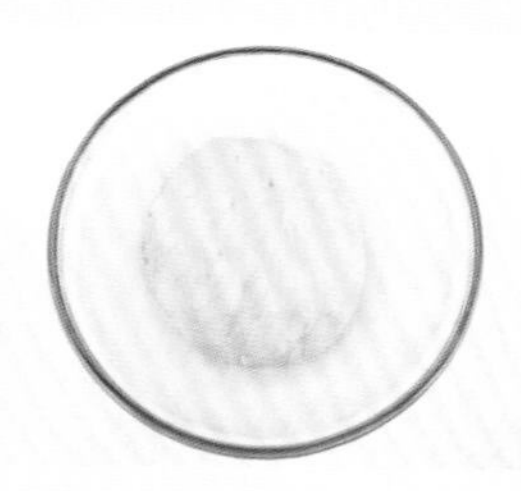

② 把发酵粉水加入面粉中，和成柔软的面团。

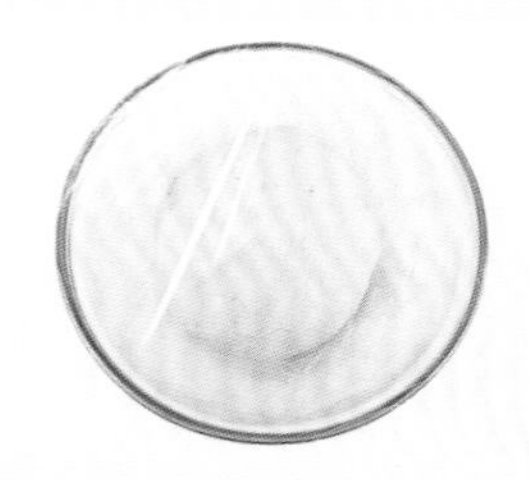

③ 盖上保鲜膜，放在温暖处，醒发 30 分钟，或者至有蜂窝出现即可。

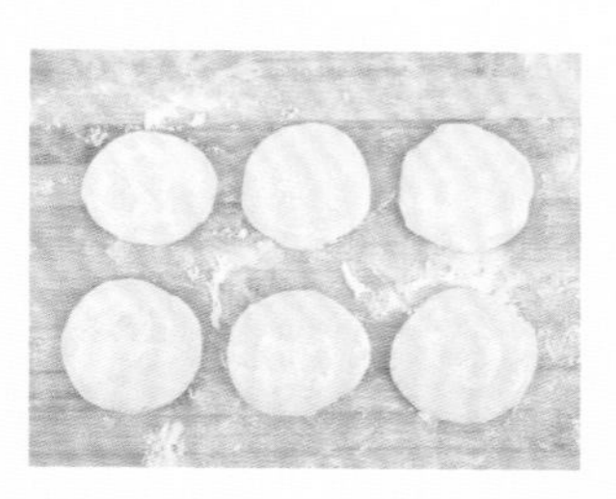

④ 把面团揉光滑，擀成薄饼，抹一层油，卷起来，制成饼坯即可。

⑤ 热锅放油，把饼放入，小火煎至两面微黄即可。

厨房心得

面粉选中筋面粉最好，硬度正好，也可以都试过以后选择自己喜爱的口味。和面的水宁多勿少，因为水少了面太硬，做出来的饼不好吃。

营养解析

发面饼松软可口，充满麦香和发酵香味。发面食品含有人体所需维生素 B_1，可以起到调节新陈代谢、维持皮肤和肌肉的健康、增进免疫系统和神经系统功能的作用。

第三章

早餐一碗面，省时、易做、营养全

面条是中国传统的面制食品，经煮、炒、烩、炸可以做成多种食品。花样繁多，品种多样，搭配不同配菜有不同的营养。制作起来又简单，时间紧张的早晨，吃一碗面真的是个不错的选择。

荞麦凉面
——炎炎夏日的最佳早餐

荞麦面是东京的代表性食品，现在日本人还有过年吃荞麦面的习惯，以祈求来年幸福，希望能像长长的荞麦面一样长寿。而且日本还有一个习惯，就是刚搬新家时要给邻居送荞麦面，以示友好……

常吃荞麦面可以预防宝贝肥胖。

时间

25 分钟

材料

荞麦面条 200 克，香油、酱油、醋、花椒油、白糖、花生酱、熟芝麻、姜末、蒜汁、葱花各适量。

做法

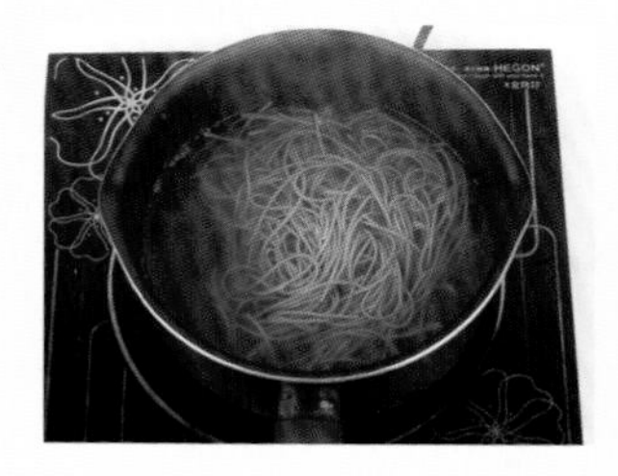

① 锅中放水烧开，放入面条，煮熟后关火浸泡 3 分钟。

② 捞出面条，用凉水冲至常温，沥干水分。

③把调料放在一起调和均匀。

④ 面条放入碗中，加调料拌匀即可食用。

厨房心得

也可以将面条煮好过凉水后放入冰箱冷藏，吃的时候拿出来加调料即可。爱吃辣的还可以加一些辣椒酱，爱吃麻酱的也可以用麻酱调味，可以根据个人口味做成不同的面条。

营养解析

荞麦含有丰富的钙、磷和铁，还含有维生素 B_1、维生素 B_2，较精细的小麦面粉营养更丰富，膳食纤维高，味道独特。

鸡蛋热汤面

——热乎乎的汤面，温暖宝贝的胃

西红柿鸡蛋面一直都是一款经典的早餐面，酸酸的西红柿汤，能在早上唤醒宝贝的味觉，鸡蛋又能补充营养，吃碗面喝点汤，一上午都暖暖的。

时间

15 分钟

材料

面条 100 克，西红柿 1 个，鸡蛋 1 个，盐、香油各适量。

做法

① 锅中放水，打入鸡蛋。

② 西红柿洗净，切小块，放入锅内。

③ 水开后放入面条，煮熟后加盐、香油调味即可。

厨房心得

凉水锅放鸡蛋，一是鸡蛋不容易熟，可以先煮；二是开水放鸡蛋容易把鸡蛋白煮成沫，影响口感。

营养解析

西红柿含有苹果酸、柠檬酸、胡萝卜素、维生素C、维生素B_2，以及钙、磷、钾、镁、铁、锌、铜和碘等多种元素，还含有多糖类、有机酸、纤维素。每人每天食用适量的鲜西红柿，即可满足人体对几种维生素和矿物质的需要。西红柿中含有的番茄红素还有抗癌作用。

彩色面条

——给宝贝一个色彩斑斓的早晨

彩色面条不仅改善了传统面条的单调，而且其营养价值更上一层楼，富含各类营养元素，既美味又安全，即使是不喜欢吃面条的宝贝看见如此五颜六色的面条也会忍不住怦然心动。

菠菜、胡萝卜要选择颜色深的，这样做出来的面条颜色更艳丽。

时间

25 分钟

材料

面粉适量，紫甘蓝 1/4 棵，菠菜 1 小把，胡萝卜 1 根，葱花、盐各适量。

做法

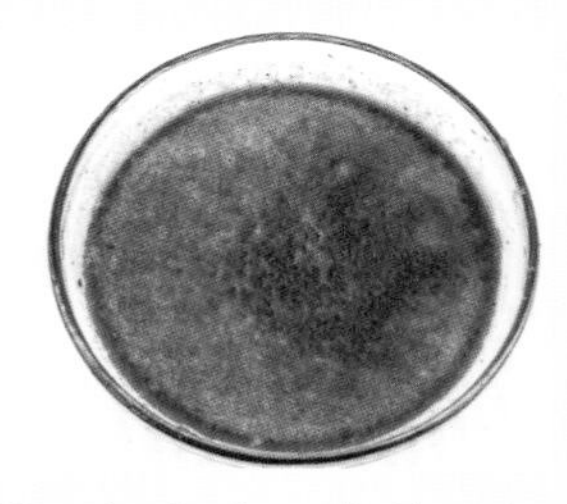

① 紫甘蓝、菠菜、胡萝卜分别洗净，切成小块，用搅拌机打成汁。

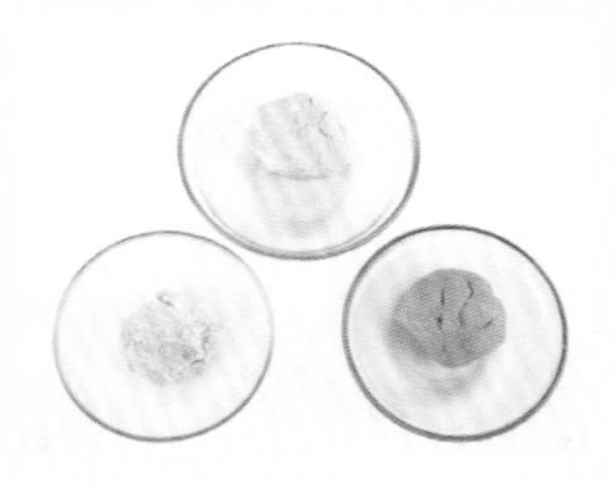

② 用上一步骤的蔬菜汁和面，和好后静置 15 分钟。

③ 把面饼擀成薄片，折叠起来，切成均匀的细条，撒一些面粉，用手提起一端抖散。

④ 热锅烧油，放入葱花炒香，加适量清水，水开后放入面条，煮好后加盐调味即可。

厨房心得

周末有空的时候可以多做一些各种颜色的面条，切好后，撒上干面粉，抓匀，放入保鲜袋，把口扎紧，放入冰箱冷冻，可随吃随取。蔬菜搅拌后要把渣过滤掉，过滤掉的渣可用来做煎饼。

营养解析

紫甘蓝营养丰富，含丰富的维生素 C、钙，以及丰富的花青素甙和纤维素等。彩色面条融合了多种蔬菜的营养，可以根据需要随意搭配。彩色面条让孩子的早餐充满漂亮的色彩，即使没有食欲的宝贝可能也会爱上这道面。

盖浇面

——更劲道的面

青椒肉丝做成卤，浇在煮好过凉水的面条上，拌一拌，就是一碗好吃的盖浇面。或者煮一碗猫耳朵，盖上一点炒好的菜，就是一份盖浇猫耳。还可以换成西红柿炒鸡蛋，盖浇在面上，又是一份西红柿鸡蛋盖浇面……换一个思维，变幻无穷的美食。

时间
25 分钟

材料
面条 100 克，猪瘦肉 50 克，青椒 1 个，姜丝、酱油、醋、盐各适量。

做法

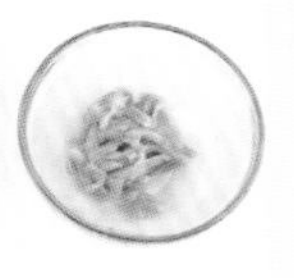

① 猪肉洗净，切成丝。青椒洗净，切成丝。

② 锅中放水，烧开，放入面条煮熟，捞出放在碗里备用。

③ 热锅放油，放入姜丝和肉丝煸炒至变色，加入青椒和盐，翻炒至八成熟，加入酱油、醋和适量开水，水开后关火等待 1 分钟。

④ 把锅内的菜连同汤一起倒入面条中，搅拌均匀即可。

厨房心得

不同的浇汁可以做出不同的盖浇面。一般是番茄炒蛋、青椒肉丝、香菇肉片等，根据自己的口味而定，将自己喜欢的菜烧好浇在煮好的面条上即可。

营养解析

青椒含丰富的维生素 C，能增强人的体力。其特有的味道和所含的辣椒素有刺激唾液和胃液分泌的作用，能增进食欲，帮助消化，促进肠蠕动，防止便秘。它还可以防治坏血病，对牙龈出血、贫血、血管脆弱有辅助治疗作用。

豆角焖面
——最经典的夏日早餐

豆角焖面可以说是夏季最经典的一道美食，焖面既保存了面条的劲道，又有炒面的美味，焖一焖，一道美食就出来了。

焖面更适合3岁以上的宝贝食用。

时间

30 分钟

材料

面条 100 克，豇豆 200 克，猪肉 50 克，酱油、醋、盐各适量。

做法

① 豇豆洗净，切成小段。猪肉洗净，切成片。

② 热锅放油，放入肉煸炒至变色，放入豇豆，炒至七成熟，加酱油、醋和水，以不没过菜为佳。

③ 放入面条，盖上锅盖，中小火焖 15 分钟。

④ 水基本煮完时关火，把菜和面条搅拌均匀即可。

厨房心得

面焖好出锅的时候，先将面挑散了，再和菜拌匀，这样更省劲，有事半功倍的效果。

营养解析

豇豆含多种维生素和矿物质，在夏季食欲不佳时，一碗香喷喷的焖面，能够满足宝贝一上午对碳水化合物、蛋白质、脂肪及多种维生素和矿物质的需要。

炸酱面

——5 分钟做出最美味的炸酱

有空的时候做一些炸酱，放在冰箱里，早上时间少，白水煮点面，再拌一些炸酱，便是一碗低调又奢华的炸酱面。

时间

25 分钟

材料

面条 100 克，黄瓜半根，猪肉馅 50 克，香菇 2 朵，蒜 2 瓣，豆瓣酱适量。

做法

① 黄瓜洗净，切丝备用。香菇泡发，剁碎。蒜切末。

② 热锅放油，倒入蒜末、肉馅、香菇末、豆瓣酱翻炒，加少许水，焖至出味，制成炸酱。

③ 面条煮好后盛入碗内，加入炸酱和黄瓜丝，拌匀即可食用。

厨房心得

制炸酱时要多放些油，肉馅最好选择五花肉，有肥有瘦，做出来比较好吃。油热后，倒入蒜末、肉馅、香菇，翻炒时要用小火，以防煳锅。

营养解析

细细软软的面条易于消化吸收，可提供人体所需的能量，对于爱吃面食的宝贝来说不容错过。而猪肉含有丰富的优质蛋白质，并提供血红素和促进铁吸收的半胱氨酸，经常适量进食能预防和改善缺铁性贫血，有利于增强体质。一碗炸酱面，主食、肉类、蔬菜、油脂、菇类全了，营养美味，但不可贪食哦。

虾米龙须面

——味道鲜美的海鲜盛宴

相传明代御膳房里有位厨师，在立春吃春饼的日子里，做了一种细如发丝的面条，宛如龙须，皇帝胃口大开，赞不绝口。从此，这种细点便成了一种非常时尚的点心。由于抻面的姿势如气壮山河一般，抻出的面细如发丝，犹如交织在一起的龙须，故名龙须面。

时间

25 分钟

材料

龙须面100克，虾米10克，鸡蛋1个，紫菜、盐、香油各适量。

做法

① 鸡蛋打入碗内，打散。紫菜洗净，撕成小碎块。虾米洗净。

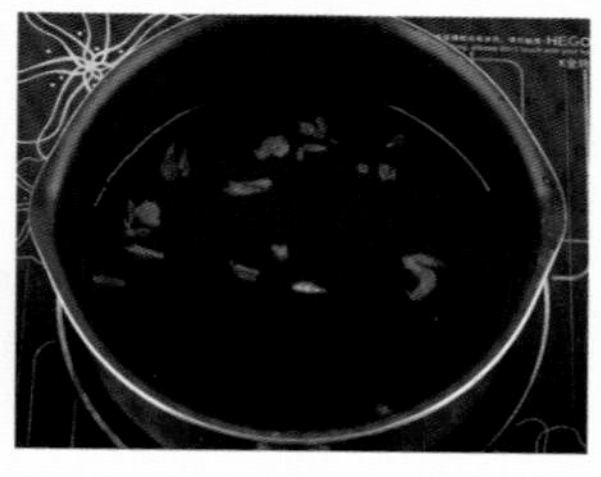

② 锅中放水，放入虾米，烧开。

③ 放入面条，淋入蛋液。

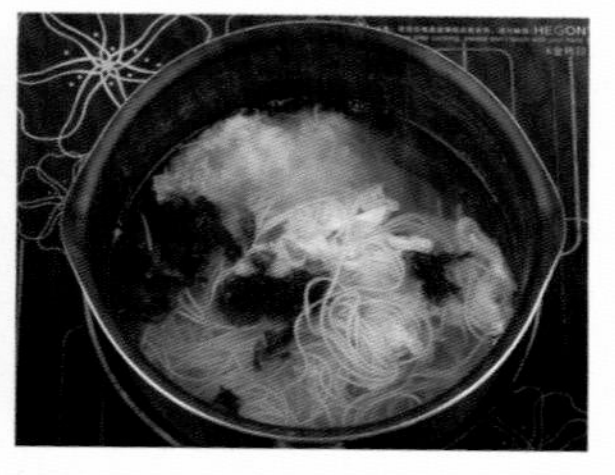

④ 面条煮好后加紫菜、香油和盐调味即可。

厨房心得

淋入鸡蛋时用小火，边淋边搅拌，清洗虾米时应先浸泡，然后把水倒掉再清洗。挑选虾米时可以用手抓一把，握在手里，打开后如果松散了说明比较好，如果黏在一起不容易散开则说明不好。

营养解析

虾营养丰富，蛋白质含量高，脂肪含量低，还含有丰富的钾、碘、镁、磷等矿物质，且其肉质松软，易消化，对宝贝来说是较好的优质蛋白来源。但虾米带壳会有点硬，不适合幼儿。幼儿可以选择虾仁面、虾仁饺子、虾仁馄饨。部分过敏体质的宝宝可能会对虾过敏，因此吃虾的时候应谨慎对待。

肉丝炒面

——面条炒着也好吃

面条除了煮着吃，拌着吃，焖着吃，还可以炒着吃，只要善于动脑，总能发现食材的新做法。在中国，好吃的炒面有安庆的炒面、芜湖的炒面、辽宁的炒面、潮汕干炒面、山东拌炒面等，我们国家真是一个美食大国啊。

时间

25 分钟

材料

面条 100 克，猪肉 50 克，西红柿 1 个，油菜、蒜末、盐各适量。

做法

1 猪肉洗净切丝。西红柿切小块。油菜洗净，切小段。

2 面条放入蒸锅蒸至九成熟。

3 热锅放油，放入蒜末煸炒，再放入肉丝翻炒至变色，加入西红柿、油菜翻炒。

4 加入面条翻炒，面条均匀受热后，加盐调味即可出锅。

厨房心得

炒面条的全过程，一直使用大火，炒的时候动作尽量快速，这样才能炒出一碗干爽劲道的炒面。肉丝可以提前一晚加调料腌制，这样更出味。

营养解析

油菜中含有丰富的钙和维生素 C，另外胡萝卜素也很丰富，可转化成维生素 A，维生素 A 是人体黏膜及上皮组织维持生长的重要营养源，对于抵御皮肤过度角化大有裨益。另外最近国外科学家还在油菜中发现含有能促进眼睛视紫质合成的物质，能起到明目的作用。

热干面

——不同风味的拌面

武汉夏天高温，跨时长，长期以来人们在面条中加入食用碱以防变质，这就是热干面的前身——切面。清朝《汉口竹枝词》就有记载："三天过早异平常，一顿狼餐饭可忘。切面豆丝干线粉，鱼餐圆子滚鸡汤。"是不是没想到小小热干面的历史还挺悠久的。

时间
25分钟

材料
热干面100克，芝麻酱、花椒油、葱花、花生碎、盐各适量。

做法

① 热干面煮熟捞出，加花椒油搅拌以防粘连。

② 芝麻酱加水和盐，朝一个方向搅拌，直至水和麻酱合为一体。

③ 调好的麻酱、葱花、花生碎放入面条中，搅拌均匀即可食用。

厨房心得

可以准备一些高汤，如鸡汤、骨头汤等，嫌干的话，可以浇一些在上面。也可以去超市买煮熟的热干面，吃的时候用温水泡软即可。

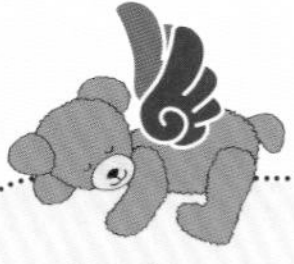

营养解析

芝麻酱富含蛋白质、不饱和脂肪酸及多种维生素和矿物质，有很高的保健价值。还含有丰富的卵磷脂、钙、铁、亚油酸，经常食用对调整偏食、厌食有积极的作用。

第四章

米饭混搭新花样，瓜果蔬菜一碗烩

米饭是家家户户餐桌上最常见的食品之一，也是最“善变”的主食，可以做盖饭、炒饭、焖饭……可以搭配的食材更是多种多样，每天换着花样做，让宝贝对早餐时刻保持新鲜感。

孜然炒饭

——炒饭吃出羊肉串的味儿

相信每个人都对羊肉串有过垂涎三尺的感情，吃完一串还想再来一串，说着口水都要出来了，还是赶紧去做一份带有羊肉串味道的孜然炒饭解解馋吧。

时间
25 分钟

材料
牛肉 50 克，剩米饭 1 小碗，洋葱 1/4 个，孜然、盐、淀粉、料酒各适量。

做法

① 牛肉切成薄片，加入料酒、盐、孜然、淀粉腌制 10 分钟。

② 洋葱洗净切成丝。

③ 热锅放油，放入牛肉翻炒，再放入洋葱。

④ 牛肉八成熟时放入米饭，再撒一些孜然粉，翻炒均匀即可。

厨房心得

炒饭所用的米饭要冷饭，煮得稍微硬一点，这样炒好的饭粒粒分明，有嚼头。如果所用冷米饭过烂，炒的时候米饭会抱在一起。

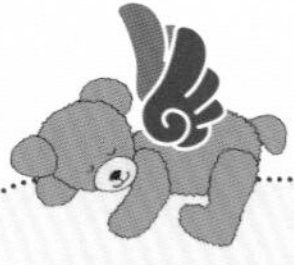

营养解析

牛肉营养丰富，其蛋白质含量很高，而且含有较多的矿物质，其中铁是人体容易吸收的动物性血红蛋白铁。孜然炒饭，将营养与美味相结合。但宝贝吃的牛肉要嫩、烂，以利于消化吸收。

紫菜包饭

——给米饭裹个“小被子”

老是炒米饭、白米饭吃的腻得慌，偶尔做个寿司，不仅宝贝爱吃、大人爱吃，还能边做边给宝贝讲一讲韩国的饮食文化，增长见识。

时间

30分钟

材料

米饭1小碗，黄瓜1根，胡萝卜1根，火腿肠1根，紫菜1张，肉松、沙拉酱、寿司醋各适量。

做法

①米饭做好后搅散，晾至温热，加入寿司醋搅拌均匀。

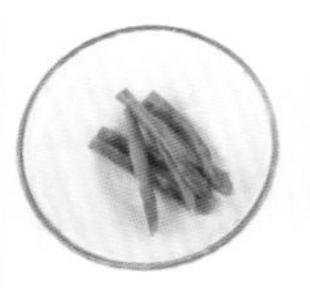

②黄瓜、胡萝卜洗净，切成竖条。火腿肠切成竖条。

③拿1张紫菜，铺上一层米饭，放上切好的黄瓜、胡萝卜、火腿肠，撒一些肉松，再抹上沙拉酱。

④将寿司卷起来，切成小段即可食用。

厨房心得

卷的时候，大张紫菜上不要铺太多米饭，否则内容太多不好包也容易散。煮饭时也可以加少量糯米，这样米饭更黏糯适口。

营养解析

紫菜富含钙、铁、钠、钾，对生长发育中的宝贝来说，适量进食紫菜还是很有必要的。肉松的主要营养成分是蛋白质和多种矿物质，胆固醇含量低，蛋白质含量高。肉松香味浓郁，味道鲜美，生津开胃，干软酥松，易于消化。但考虑到肉松肉质来源的安全性，建议选择正规厂家生产的，不可贪便宜而买“三无”产品。

菠萝饭

——酸酸甜甜的水果炒饭

夏初菠萝刚上市，酸酸甜甜的，小宝贝都很喜欢，但是吃多了怕引起过敏，那就不妨做成菠萝饭吧，香甜可口，既满足了宝贝吃水果的需求，又能增加食欲、促进消化。

时间
35分钟

材料
米饭1小碗，黄瓜、胡萝卜各半根，鸡胸肉50克，菠萝半个。

做法

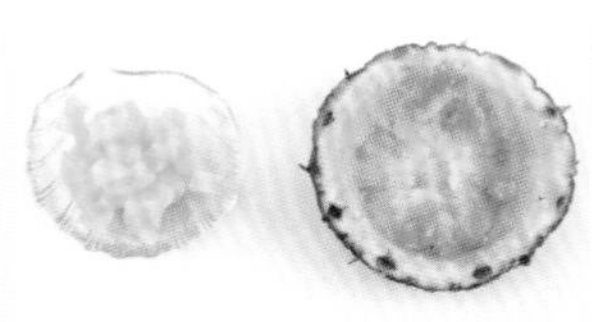

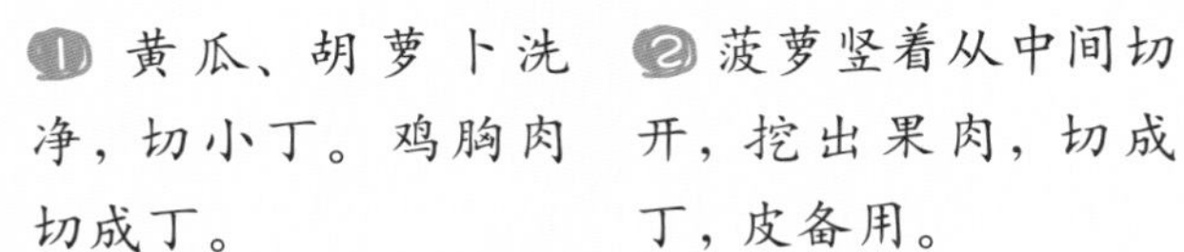

① 黄瓜、胡萝卜洗净，切小丁。鸡胸肉切成丁。

② 菠萝竖着从中间切开，挖出果肉，切成丁，皮备用。

③ 热锅放油，放入黄瓜、胡萝卜、鸡胸肉丁翻炒，再加入菠萝丁、米饭翻炒。

④ 将炒好的饭放入一半菠萝皮中，即可上桌食用。

厨房心得

菠萝肉切好后先放在盐水里泡一泡，可以破坏其致敏结构，又可以使菠萝没有酸涩，口感更甜。鸡胸肉可以换成牛肉、羊肉、猪肉。

营养解析

菠萝内含钙、磷、钾等矿物质。菠萝饭形式可爱，色彩丰富，香甜可口，在饥饿时来碗菠萝饭，能很快补充体力。菠萝饭将主食、肉类、蔬菜、水果完美结合，美味又健康。但要注意对菠萝过敏的宝贝不要吃太多。

米饭锅巴

——香香脆脆的米饭饼

米饭做多了，剩了好多，炒饭都吃腻了，怎么办呢？那就做成锅巴吧，香脆的小零食，早上搭配一杯牛奶，肯定会是小宝贝们喜爱的早餐。

时间

25 分钟

材料

米饭 1 小碗，鸡蛋 1 个，糯米粉、白砂糖各适量。

做法

① 鸡蛋打入碗内，加白砂糖、糯米粉搅拌均匀。

② 把蛋液倒入米饭中，搅拌均匀。

③ 把米饭装入保鲜袋中，擀成薄饼，揭开保鲜袋，切成合适的小块。

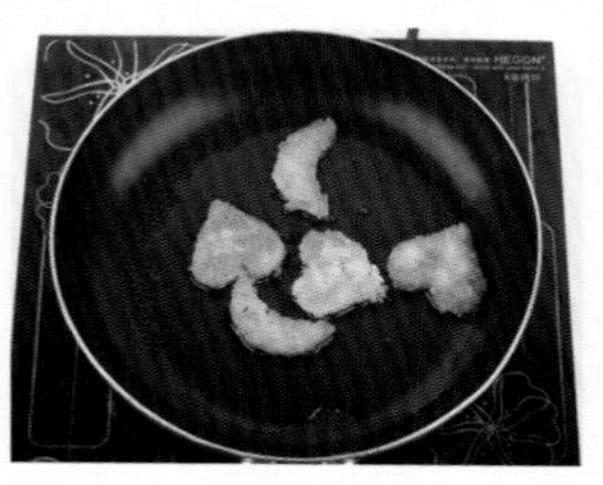

④ 平底锅擦油，放入米饭饼，煎至两面微黄、表皮酥脆即可。

厨房心得

如果喜欢吃咸鲜口味，可以用胡椒粉、盐代替白砂糖。用炸的方法可以使米饼更酥脆，但不建议给宝贝吃太多油炸的食品。

营养解析

米饭加入鸡蛋做成的锅巴酥酥脆脆的，既满足了小宝贝吃零食的渴望，也补充了营养。但锅巴制作过程中会产生有害物质，变黄的过程会产生致癌物质丙烯酰胺。所以不建议宝贝经常食用。

咖喱鸡肉饭

——给宝贝一个印度风情的早餐

当剩米饭遇上咖喱，不管怎么搭配都是一顿美餐，香味十足的咖喱，包裹着一粒粒的米，想一想都流口水。咖喱有各国口味的，有泰国的、印度的、日本的，换着口味做，同是咖喱饭，风味却不同。

时间
25分钟

材料
米饭1小碗，鸡胸肉50克，土豆半个，咖喱半块。

做法

①鸡胸肉、土豆洗净，切成丁。

②热锅放油，放入鸡肉煸炒，炒至五成熟时放入土豆翻炒，加入咖喱和100毫升水。

③待锅内水不多时放入米饭，搅拌均匀，盛碗出锅即可。

厨房心得

咖喱可以根据自己喜爱的口味选择，也可以用牛肉、羊肉等代替鸡肉。加入咖喱后要勤搅动，不然容易糊锅。

营养解析

咖喱的主要成分是姜黄粉、川花椒、八角、胡椒、桂皮、丁香和芫荽籽等含有辣味的香料，能促进唾液和胃液的分泌，增加胃肠蠕动，增进食欲。

腊肠菜心焖饭

——米饭和菜一锅出

有没有想过早上一起来就有早饭吃呢？那就竭尽全力地使用电饭煲的预约功能吧，把米和菜都放进去，一觉醒来，香喷喷的饭菜就都有了。

时间

25 分钟

材料

大米200克，腊肠50克，菜心100克。

做法

① 腊肠煮熟，切丁，晾凉。菜心洗净，切小段。

② 大米洗净，连同腊肠、菜心一同放入电饭煲中，加入适量水。

③ 将电饭煲设置到预约功能，预约煮粥的时间在起床前30分钟即可。

④ 起床后盛入碗内即可食用。

厨房心得

腊肠有咸味，可以不加盐。腊肠可以煮熟后放入冰箱冷冻，吃的时候直接放入即可。

营养解析

菜心含有丰富的钙、磷、铁、核黄素和烟酸等，品质柔嫩，风味可口。腊肠可开胃助食、增进食欲。如果怕买来的腊肠不放心，也可以自己动手做，做好了放冰箱冷冻保存，随时可以吃。

八宝饭

——各种米一锅焖

晚上睡觉前把一堆各种自己爱吃的、孩子爱吃的五谷扔进电饭煲，早上起来便是香喷喷的八宝饭，绝对是营养"丰富"的早餐主食。

时间

50 分钟

材料

大米、紫米、糯米、黑米、糙米各50克，花生豆、红豆、葡萄干各1小把。

做法

① 把所有食材洗净，放入电饭煲内，加入适量清水。

② 将电饭煲设置到预约功能，预约煮粥的时间在起床前1小时即可。

③ 起床后盛入碗内即可食用。

厨房心得

对于没有食欲的宝贝，妈妈在饭煮好后还可以加一些红糖调味，不仅适合宝贝吃，更适合全家一起吃。

营养解析

黑米所含锰、锌、铜等矿物质都比大米高1~3倍，更含有大米所缺乏的花青素、胡萝卜素等特殊成分，因而黑米比普通大米更具营养。美美的一碗八宝饭，营养价值远高于白稀饭，味道更是没得说。

南瓜红薯饭

——甜甜的早餐饭

小孩子都爱吃甜食，可是吃多了对牙齿不好，不让吃又拗不过，还好有南瓜红薯饭。南瓜和红薯有一个共同点：煮熟了都是软软的、甜甜的，做在饭里呢，当然就是甜甜的饭了，又不含那么多糖，很适合爱吃甜食的小宝贝。

时间

30 分钟

材料

大米、小米各100克，南瓜、红薯各150克。

做法

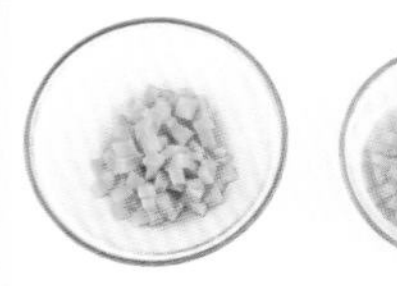
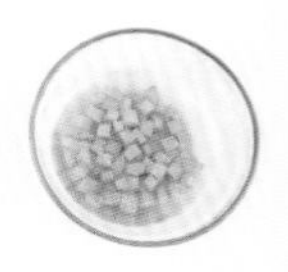

① 大米、小米洗净。南瓜、红薯洗净去皮，切丁。

② 把所有食材放入电饭煲内，将电饭煲设置到预约功能，预约煮粥的时间在起床前30分钟即可。

③ 起床后盛入碗内即可食用。

厨房心得

南瓜、红薯去皮口感更好，但是保留皮可以保留更多的营养。米饭煮至南瓜、红薯与米合为一体最好。

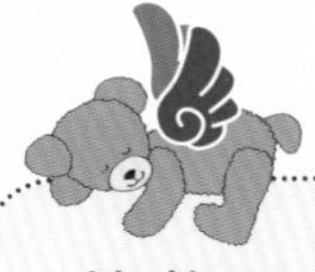

营养解析

小米除了含有丰富的铁质外，也含有蛋白质、B族维生素、钙、钾、膳食纤维等。红薯的营养也很丰富，含有糖、粗纤维、胡萝卜素、维生素B_1、维生素B_2、维生素C和钙、磷、铁等。由于红薯、南瓜含胡萝卜素较丰富，还可用于预防夜盲症。南瓜红薯饭是宝贝健康美味又营养的早餐主食。

蜜枣粽子

——给米饭裹上“衣服”

吃粽子最开心的是制作粽子和等待出锅的时候，看着一个个粽子在自己手里诞生，闻着粽叶的香味，恨不得打开赶紧吃上一口，包粽子的时候还可以让宝贝在一旁帮忙递个枣，让宝贝也享受动手的乐趣。

时间

3.5 小时

材料

糯米 500 克，蜜枣 50 克，粽叶适量。

做法

① 糯米洗净，浸泡 2 个小时。粽叶放入开水内泡软，备用。蜜枣洗净备用。

② 粽叶折叠成漏斗形，放入一半糯米，放入蜜枣，再放入糯米。

③ 把多余的粽叶弯折，盖住漏斗口，用线扎好粽叶。

④ 包好的粽子放入锅内，加足量水，大火烧开，小火煮 2 个小时，关火闷 1 个小时。

厨房心得

可以提前做好放入冰箱冷藏，吃的时候用微波炉热一下，或者用蒸锅蒸一下即可食用，如果是夏天也可以凉吃。

营养解析

蜜枣中含大量糖类，且含有铁、钙等，对老人、儿童、产妇滋补皆有益，是老少皆宜的理想传统保健食品。

第五章

馒头、花卷、大包子，早餐主食不可少

松松软软的馒头，变化多样的花卷，皮薄馅多的包子……老祖宗给我们留下了丰富多彩的饮食文化，做饭、吃饭也仿佛在传承着。

玉米面窝窝头

——杂粮营养全吸收

相传八国联军侵略中国时，慈禧太后逃到了西安，中途带的粮食吃完了，无处觅食，一个逃难的农民给了她一个窝窝头，她稀里哗啦地就吃完了，从此也喜欢上了这种从没见过、也没吃过的美食。

时间
45 分钟

材料
玉米粉 300 克，糯米粉 200 克，白砂糖 30 克。

做法

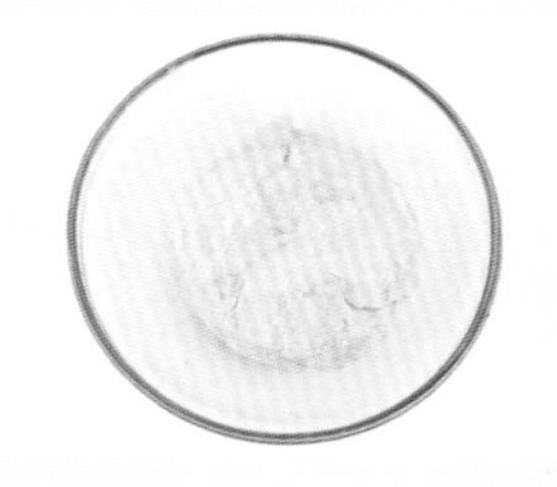

① 将糯米粉、玉米粉和白砂糖一起放入盆内，混合均匀，一点点加入清水，将粉面和成面团，并静置 15 分钟。

② 将揉好的面团平均分成约 30 克重的小面团。

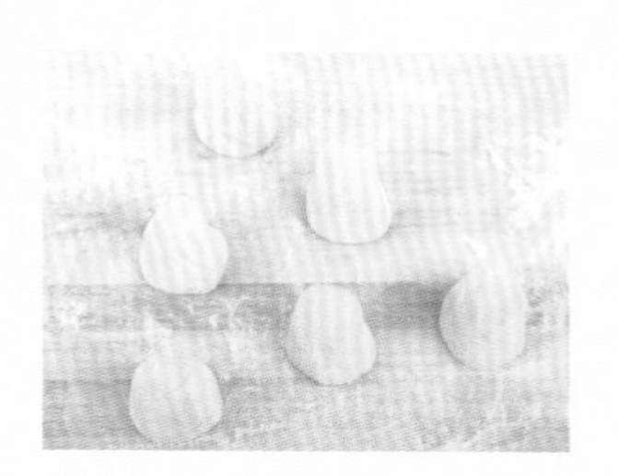

③ 将小面团握在手掌心，捏成小窝窝头。

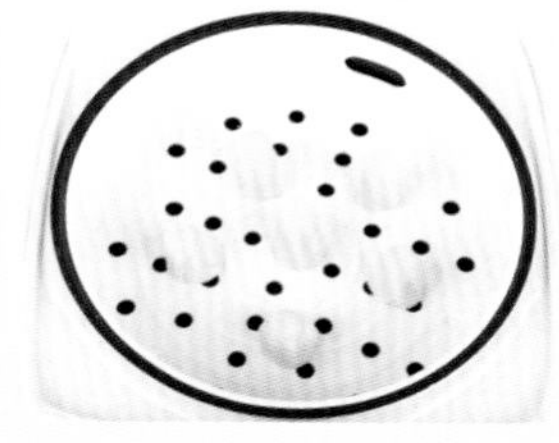

④ 蒸锅上刷一层薄油，将捏好的窝头放入蒸锅内，大火蒸 10 分钟即可。

厨房心得

可以提前做好晾凉，装入保鲜袋放入冰箱冷藏，吃的时候用蒸锅蒸一下即可。如果两三天可吃完冷藏即可，如果存放时间较长应冷冻。

蒸馒头时蒸笼上刷一些油可以防粘。

营养解析

玉米面窝窝头富含人体必需的多种蛋白质、氨基酸、不饱和脂肪酸、碳水化合物、膳食纤维和多种微量元素、矿物质，属低脂、低糖食品，是现代人群首选健康食品之一。对于进食精细的宝贝来说，偶尔吃一次窝窝头，既健康又是一种享受。

南瓜五彩卷

——宝贝更爱卷着吃

对于不喜欢吃南瓜的宝贝，妈妈们只能把南瓜偷偷混进其他材料中，这样宝贝就会不知不觉中把N多的南瓜吃进肚子里了，南瓜五彩卷就是这样应运而生的。对于调皮不爱吃饭的小宝贝也会有意想不到的收获哦。

时间
60 分钟

材料
面粉 200 克，南瓜 100 克，鸡蛋 2 个，胡萝卜、葱各半根，发酵粉、香油、木耳、盐各适量。

做法

① 南瓜切成薄片，蒸熟，晾凉备用。木耳泡发，剁碎。胡萝卜、葱切碎。鸡蛋做成蛋皮切丝。

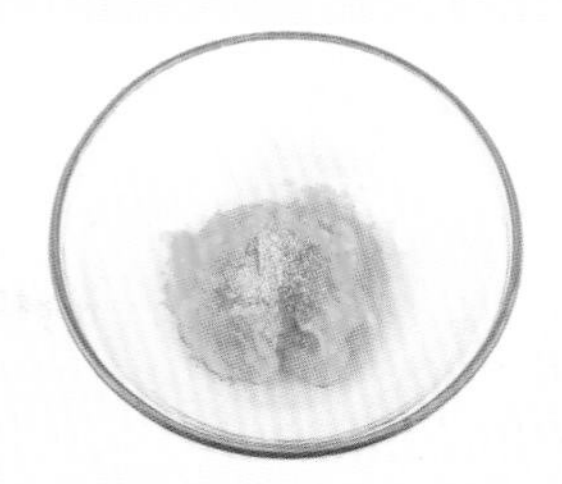

② 用温水将发酵粉溶化，将溶化的酵母水拌入南瓜中，将南瓜捣烂成泥。

③ 将加了酵母的南瓜泥倒入面粉中，和成光滑的面团，醒发 20 分钟。

④ 将发酵好的面团揉光滑，擀成薄饼，撒上香油、盐、木耳、胡萝卜、葱花、鸡蛋，卷成圆柱形切成段。

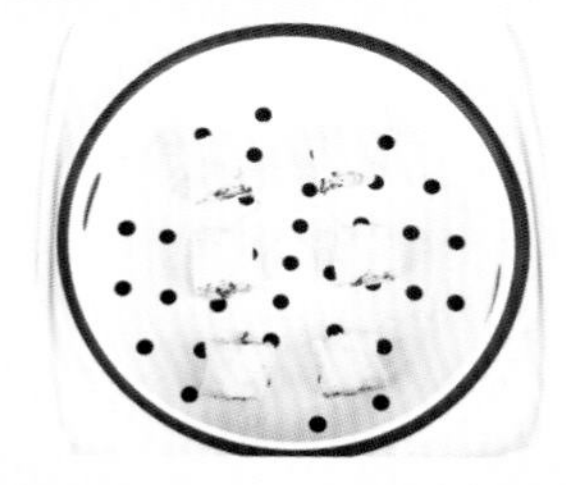

⑤ 醒发 10 分钟，放入蒸锅中大火蒸 20 分钟即可。

厨房心得

南瓜泥尽量准备得少点，如果后期面和得太干，可以加清水来调节。也可以做成各式花卷，换着花样给宝贝吃。

营养解析

南瓜含丰富的膳食纤维，可以促进肠胃蠕动，帮助食物消化，同时其中的果胶属于可溶性膳食纤维，为肠道有益菌的粮食，有利于维护肠道正常功能。

紫薯球球

——给宝贝点“颜色”看看

很多宝贝都喜欢玩球，洗澡时喜欢在水里玩球，平时喜欢滚球玩，如果把球放到餐桌上呢？会不会也一样爱不释手呢？

时间

50 分钟

材料

紫薯 300 克，
面粉 100 克，
发酵粉适量。

做法

① 紫薯洗净切成薄片，蒸熟，捣成泥状，晾凉备用。

② 用温水将发酵粉溶化，将溶化的酵母水拌入紫薯中。

③ 将加了酵母的紫薯泥倒入面粉中，和成光滑的面团，醒发 20 分钟。

④ 将发酵好的面团揉光滑，分成约 30 克的小剂子，再将小剂子搓成圆球形。

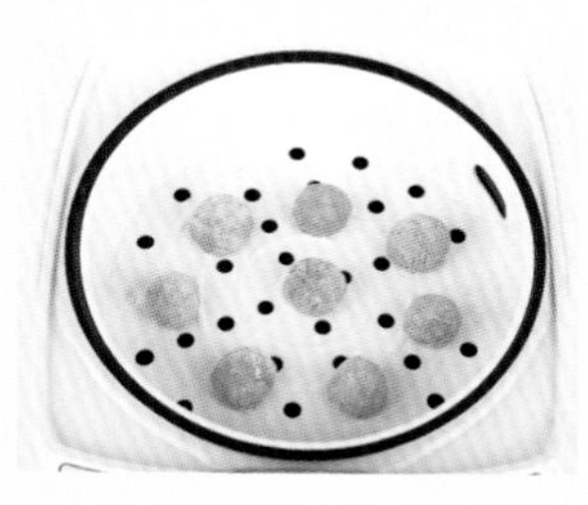

⑤ 将搓好的圆球放入蒸锅中大火蒸 15 分钟即可。

厨房心得

也可以将紫薯用榨汁机榨成汁，再用紫薯汁和面。还可以将紫薯面团做成其他各种形状，比如星星等。

营养解析

紫薯营养丰富具特殊保健功能，其中的碳水化合物都是极易被人体消化和吸收的。且富含的 β－胡萝卜素，在体内转化成维生素 A 可以改善视力。

燕麦牛奶馒头

——给宝贝增加抵抗力

春天是流感多发的季节，什么禽流感、甲型 HINI，想一想都好恐怖。身体是革命的本钱，提高自身抵抗力才是重中之重。宝贝抵抗力较弱，燕麦＋牛奶能够补充蛋白质、膳食纤维、维生素及多种微量元素，为宝贝的免疫力添加满满的能量。

时间

50 分钟

材料

面粉 500 克，燕麦 100 克，发酵粉、牛奶适量。

做法

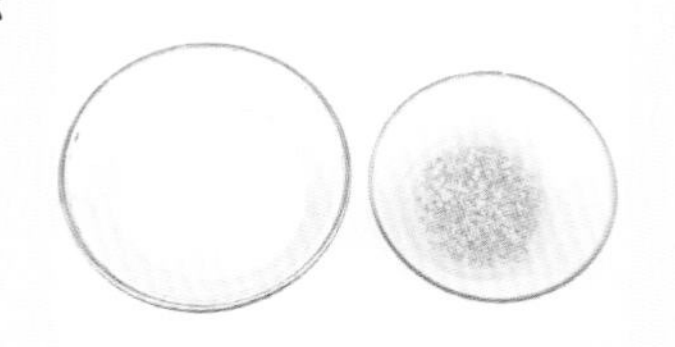

① 燕麦浸泡 10 分钟，沥干备用。发酵粉溶入 100 毫升牛奶中。

② 燕麦放入面粉中，倒入发酵粉牛奶，搅拌均匀，如果太干可以再加牛奶，和成光滑的面团。

③ 用保鲜膜盖上发酵至 2 倍大。揉成光滑的面团，然后搓成长条，用刀切成馒头生坯，静置 15 分钟。

④ 上蒸锅中大火蒸 20 分钟即可。

厨房心得

燕麦片一定要浸泡以后和面，这样口感比较好。喜欢甜味的宝贝也可以稍微加一点白糖。

营养解析

燕麦富含纤维，与白面粉搭配，可弥补白面粉太精细的不足，加入牛奶，既增加了蛋白质、维生素 A、钙等的含量，又让馒头风味独特。燕麦牛奶馒头可作为宝贝的营养健康主食。

小猪豆沙包

——一口一口吃掉一头“小猪”

蒸一锅小猪包，让宝贝先吃猪耳朵，再吃猪鼻子，边吃边学习，在愉快的氛围中，既学了知识，又填饱了肚子，恐怕宝贝长大了还会记得这童趣时光。

时间

60 分钟

材料

面粉 300 克，豆沙馅 100 克，发酵粉、绿豆各适量。

做法

① 将干酵母与水混合均匀，加入面粉中，揉成光滑的面团，发酵至原体积的2倍大。

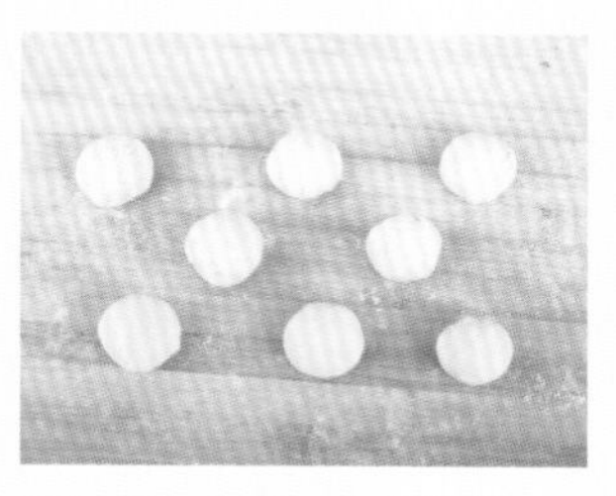

② 将面团分割成 30 克 1 个的小面团，包入豆沙馅，收口搓圆。

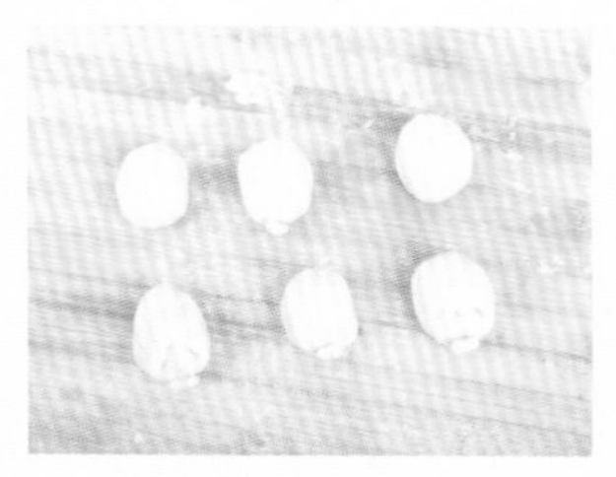

③ 取少量面团，剪成三角形，作为猪耳朵；做一个小圆饼作为猪鼻子。

④ 把猪耳朵和猪鼻子沾水粘在合适位置，用牙签捅两个孔作为鼻孔，用绿豆做眼睛。

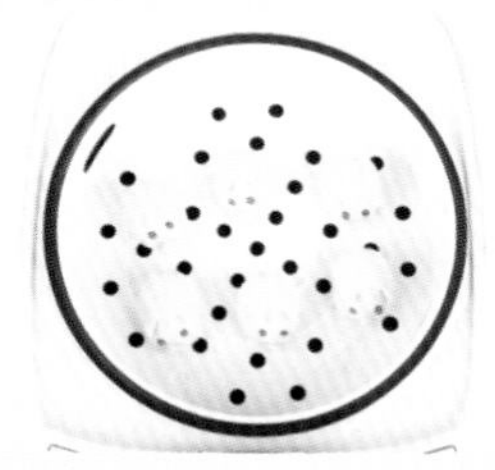

⑤ 所有小猪包包好后静置 10 分钟，放入蒸锅蒸 20 分钟即可。

厨房心得

自制豆沙的方法：将红小豆洗干净放入锅中，一次加够水，盖上锅盖大火烧开，转中小火将豆子焖烂，捞去浮在上面的豆皮，放入炒锅中开中小火将豆沙的水分翻干，盛出拌少许植物油、白糖调味即可。

营养解析

红豆属于杂豆中的一种，含有丰富的碳水化合物，做成豆沙口感很好。小猪豆沙包，一定会给宝贝带来充满童趣的早餐。

三鲜蒸包

——素包子也出彩

在这个"肉欲"横流的社会，大多人都以肉为主，淡忘了蔬菜对人类的重要性，从小抓起，用素包子唤起宝贝对素菜的兴趣吧。

吃个大包子，喝碗小米粥，朴实的就像妈妈的爱。

时间
50 分钟

材料
面粉 300 克，韭菜 1 小把，豆腐 100 克，鸡蛋 2 个，木耳 10 克，发酵粉、盐、十三香、香油各适量。

做法

① 将发酵粉用清水溶开，倒入面粉中，和成光滑的面团，静置发酵至蜂窝状。

② 鸡蛋打散，炒熟，搅碎，晾凉。韭菜洗净，切碎。豆腐切小块。木耳泡发，洗净剁碎。

③ 把韭菜、木耳、豆腐放入鸡蛋中，加入盐、十三香、香油搅拌均匀。

④ 面团分割成小剂子，擀成皮，包入馅，收口，醒 10 分钟。

⑤ 包子放入蒸锅蒸 15 分钟即可。

厨房心得

在超市选购面粉的时候需要注意，那些包装袋上注明的自发粉、饺子粉、高筋粉、全麦粉、富强粉。如果买的是自发粉的话就不需要再添加酵母粉了。一般大家都买富强粉，针对性不是那么强，可以用来做饺子皮也可以擀面条，蒸包子馒头自己加一些酵母粉就 OK 啦！饺子粉和高筋粉是不适合包包子、蒸馒头的，这类面粉适合做手擀面和饺子皮用！

营养解析

豆腐含有丰富的钙质和卵磷脂，钙对儿童的成长极为重要，而卵磷脂能为大脑提供充分的信息传导物质，提高记忆力和智力水平。鸡蛋中的蛋白质构成模式非常接近人体，易于吸收。

香葱花卷

——花朵般的主食

花卷是一种古老的汉族面食，相传发源于三国时期，是由诸葛亮发明的。吃烦了单调的馒头，给宝贝做一些花卷来调节一下心情，一层一层剥着吃也不错呢。

时间

50 分钟

材料

面粉 300 克，发酵粉、香油、盐、葱花各适量。

做法

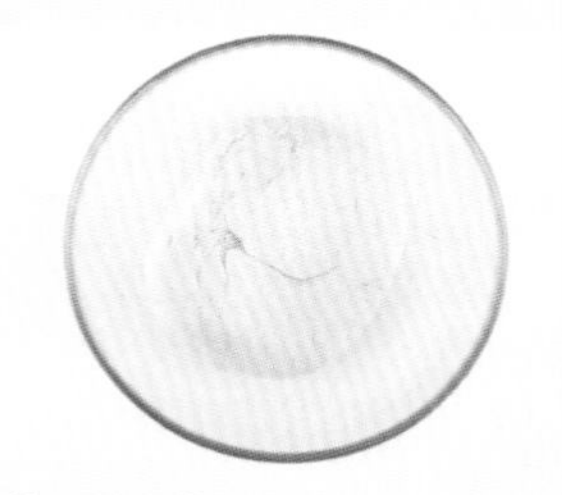

① 发酵粉用温水溶开，倒入面粉中，和成光滑的面团，静置发酵至蜂窝状。

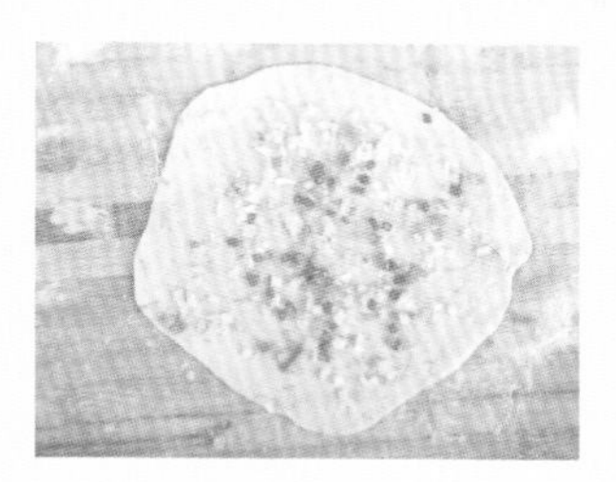

② 发酵好的面团揉光滑，擀成薄薄的圆饼，撒上盐和葱花，擀一下，再放一些油。

③ 把面饼卷起来，切断，用一根筷子在切面平行中线上压一下，醒 10 分钟。

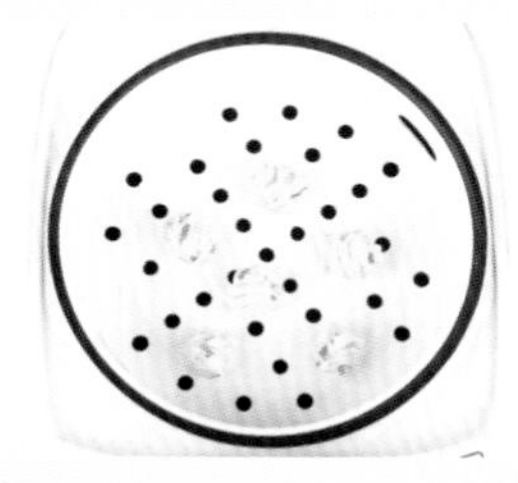

④ 放入蒸锅蒸 20 分钟即可。

厨房心得

凉水上锅蒸，可使花卷缓慢均匀地受热，从而更加蓬松柔软。蒸制的时间，我做的花卷个头较小，一般是 15 分钟。当然也要根据花卷的大小确定，如果要蒸制巨无霸型的特大个，需要适当延长蒸制时间。

营养解析

面粉含有碳水化合物、蛋白质、维生素 B_1、维生素 B_2 等各种营养物质，且极易消化吸收，很适合做主食。也可以选择用富含 B 族维生素的全麦面粉，营养更全面。

水煎包

——包子也能煎着吃

做好了包子直接放冰箱冻着，早上拿出来，放锅里加水煎一煎，就是上面松软、底部香脆的水煎包。一个包子，多重口味。

时间

25 分钟

材料

包子生坯10个，面粉、清水、芝麻各适量。

做法

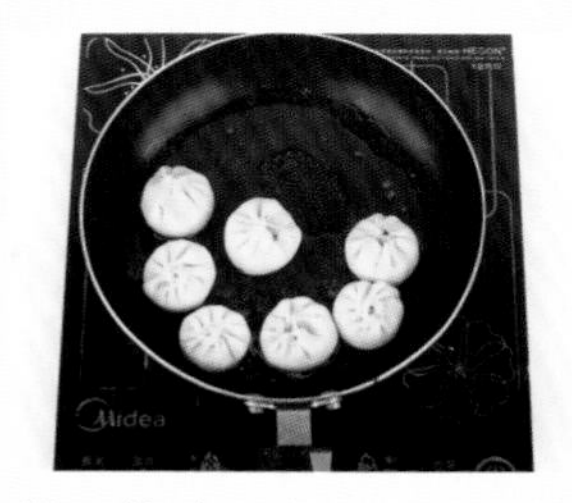

① 热锅放油，码放包子。

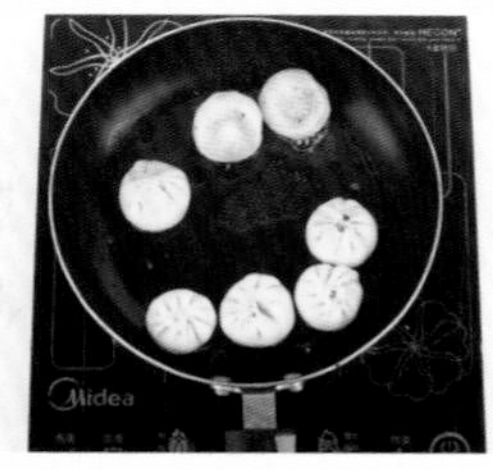

② 中火煎一分钟，底部略微发黄。

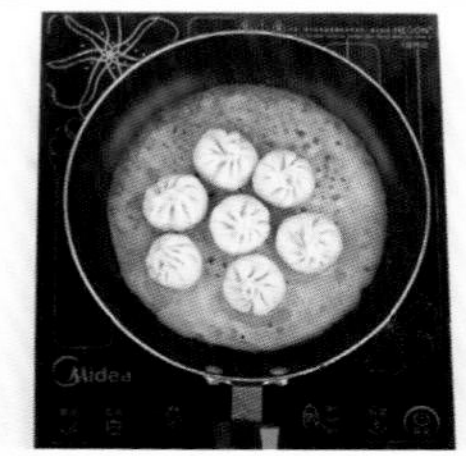

③ 清水中加入少量面粉，搅拌均匀，倒入锅内，水位到包子一半即可。

④ 盖上锅盖，中火煎至水干，撒上芝麻即可出锅。

厨房心得

放水的量应根据实际情况调整，包子大可多放一些，包子小可少放一些。肉馅的可多放一些，素馅的可少放一些。

营养解析

包子根据馅的种类不同营养成分也不同，但是不管什么馅的包子都可以将主食、蔬菜或肉类统一起来，素馅的可以搭配点豆腐干，兼顾营养与美味。比起蒸包，生煎包里显得更加美味。

豆渣馒头

——豆浆渣变美食

做豆浆剩下的渣不知道该怎么解决，扔掉太浪费，直接吃不好吃，怎么办呢？那就蒸馒头时顺便把豆渣也放进去吧，保证会做出让宝贝喜欢吃的豆渣馒头。

时间

50 分钟

材料

豆渣 100 克，玉米面粉 250 克，白糖 10 克，发酵粉 3 克，油、盐各适量。

做法

① 将豆渣、玉米面粉、盐、油、白糖和发酵粉加温水，搅拌，和成面团，盖上湿布，放在一个温暖的地方发酵至 2 倍大。

② 将面团揉搓成圆柱，切成小块，揉成圆形或方形馒头坯。静置 10 分钟。

③ 将馒头坯放在装有湿笼布的蒸笼上，中火蒸 20 分钟即可。

厨房心得

豆渣可以积累几次以后再用来做馒头，一次多蒸一些，放在冰箱冷冻保存，吃的时候热一下即可，也可以煎着吃。

营养解析

豆渣馒头含有丰富的膳食纤维，对消化系统非常有益，能促进消化、增强食欲，还有利于保持体形，非常适合超重和肥胖的宝贝。

第六章

饺子、馄饨换着吃，煎煮蒸炸花样多

相传战国初年的一年冬天，正逢百年未遇严寒，许多人发生冻伤，很多人把耳朵都冻坏了，怎么办？神医扁鹊拿来白面，搓成耳朵状，粘在那些被冻坏耳朵的耳根上，再稍稍运气，便使那耳朵恢复到原来的样子。于是人们为了纪念扁鹊便发明了饺子。

迷你虾饺

——早上也能吃海鲜

虾饺，透明玲珑，滑爽鲜美，是广东茶楼、酒家的传统美点。广东人饮茶，少不了来一笼虾饺。上乘的虾饺，皮白如冰，薄如纸，半透明，肉馅隐约可见，吃起来爽滑清鲜，美味诱人。

时间

45 分钟

材料

澄粉、虾仁各200克，猪油20克，盐、胡椒粉各适量。

厨房心得

食用澄粉做皮可以使饺子玲珑剔透，别的面粉都无法实现这种效果。和面时加入一些淀粉，可以增加面团的韧性。馅调好后放冰箱冷藏20分钟，馅更入味。

做法

① 虾仁用刀背拍碎，加猪油、胡椒粉、盐调味。

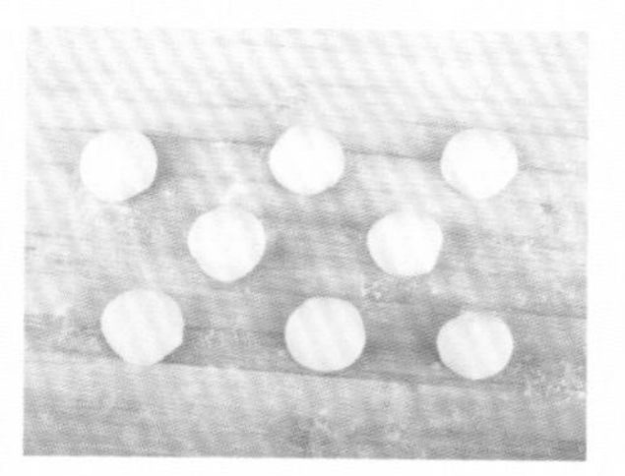

② 澄粉加开水搅拌，边加开水边搅拌，直至搅拌成絮状，和成光滑的面团。

③ 把面团分成小剂子，擀成皮。

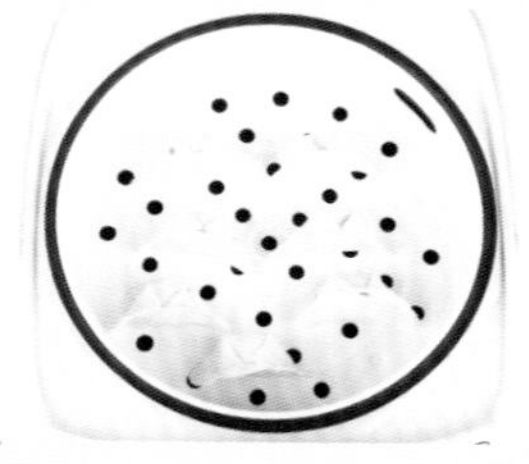

④ 包入调好的虾馅，上锅蒸8分钟。

营养解析

虾含有丰富的蛋白质，营养价值很高，其肉质和鱼一样松软，易消化，而且无腥味和骨刺，同时含有丰富的矿物质(如钙、磷、铁等)。海虾还富含碘，对人类的健康极有裨益。

煎馄饨

——焦香四溢趁热吃

又焦又香的馄饨，搭配一杯解腻爽口的果汁，不仅宝宝爱吃，全家一起吃，胃里满满的都是营养，心里满满的都是爱。

时间

45 分钟

材料

面粉 200 克，猪肉馅 200 克，香油、盐、胡椒粉各适量。

做法

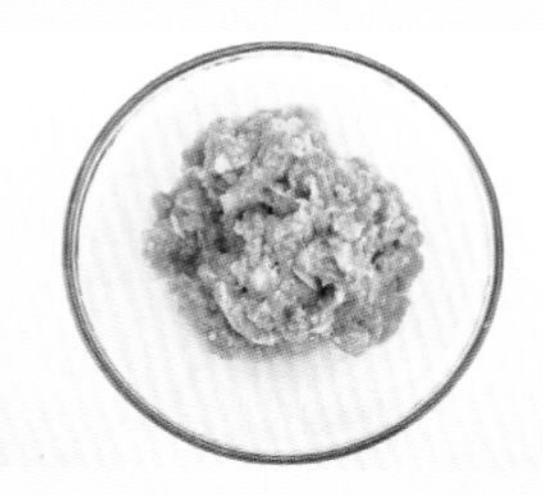

① 猪肉馅加香油、胡椒粉、盐调味。

② 面粉加水和成光滑的面团，分成小剂子，擀成馄饨皮。

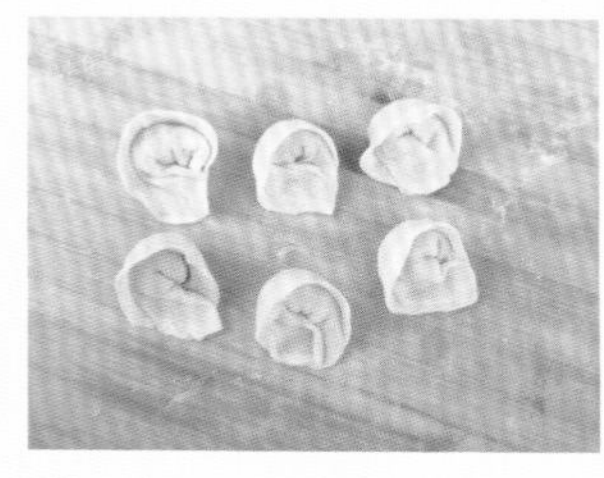

③ 包入调好的馅，包成馄饨。

④ 平底锅放油，放入馄饨，加水至没过馄饨底，盖上锅盖，煎至水干，出锅即可。

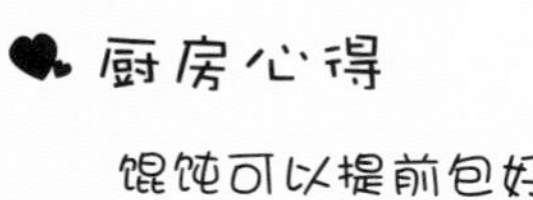

厨房心得

馄饨可以提前包好放入冰箱冷冻保存，随吃随煮或随煎，也可以煮好后再煎。做馅时要朝一个方向搅拌，这样调出的馅更好吃。

营养解析

猪肉含有丰富的优质蛋白及维生素 B_1、维生素 B_2，以及一定的铁、锌、硒。煎的时候用橄榄油更有益于健康，但不建议常吃煎炸食品，只适合偶尔改改口味。

牛肉蒸饺

——寒冬暖胃更暖心

蒸饺是汉族传统节日食品，相传是中国东汉南阳“医圣”张仲景首先发明的。蒸饺到底有什么神奇之处呢？尝一尝就知道了。

时间

35 分钟

材料

面粉、牛肉各200克，香油、亚麻籽油、盐、十三香各适量。

厨房心得

牛肉油较少，加一些香油、亚麻籽油在里面，可以使牛肉馅吃起来更香。

做法

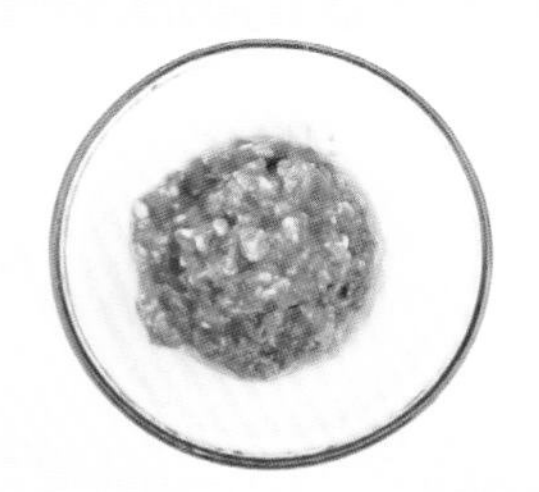

① 牛肉剁碎，加香油、亚麻籽油、盐、十三香搅拌均匀，做成馅。

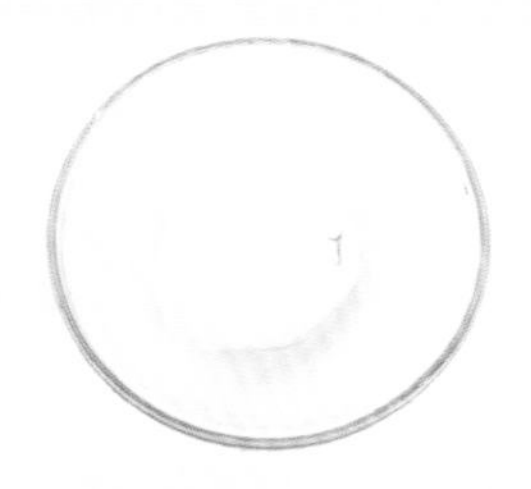

② 面粉加水和成光滑的面团，醒 10 分钟。

③ 把面团分成小剂子，擀成皮，包入馅料。

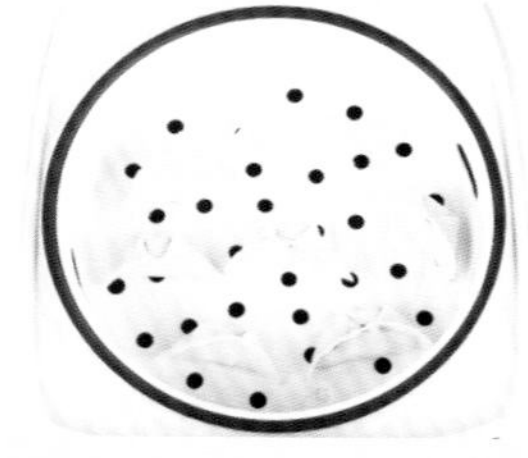

④ 包好的饺子放入锅内，加足量水，中火蒸 10 分钟即可。

营养解析

牛肉含有丰富的蛋白质，氨基酸组成比猪肉更接近人体需要。亚麻籽油富含 α- 亚麻酸，在体内转化成 DHA，有利于宝贝大脑发育。亚麻籽油最大的特点是含有较多的 α- 亚麻酸，可达 50% 以上，而普通香油、色拉油含较多的亚油酸，几乎不含 α- 亚麻酸。亚麻籽的口感不佳，可与香油搭配，既美味又健康。

西红柿鸡蛋饺子

——辨认颜色红黄白

西红柿最早是一种生长在森林里的野生浆果。因为色彩娇艳，当地人把它当作有毒的果子。直到17世纪一位画家在描绘西红柿时忍不住吃了一个，才被人们发现了它的美味，并且一时间震惊了全世界。

时间

35 分钟

材料

面粉 200 克，西红柿 2 个，鸡蛋 3 个，盐适量。

做法

① 鸡蛋打散，加盐炒熟，搅碎备用。西红柿去皮，挤掉汤汁，切碎与鸡蛋碎拌匀。

② 面粉加水和成光滑的面团，醒 10 分钟。

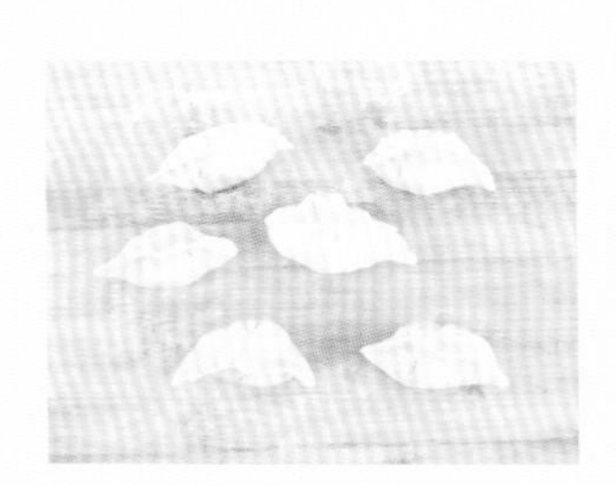

③ 把面团分成小剂子，擀成皮，包入馅料。

④ 包好的饺子放入开水锅中，再次煮开后加冷水，反复 3 次即可捞出。

厨房心得

西红柿鸡蛋馅饺子因为馅容易熟，所以只要把皮煮熟了即可。

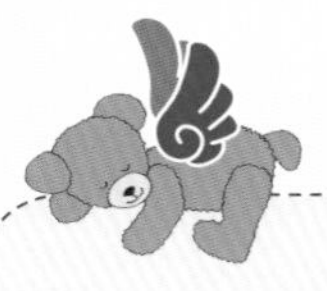

营养解析

西红柿含有丰富的营养，又有多种功用，因此被称为神奇的菜中之果。它所富含的 β - 胡萝卜素，在人体内转化为维生素 A，能维护呼吸道黏膜，防治眼干燥症等。鸡蛋含有丰富的蛋白质和多种纤维素、矿物质。西红柿鸡蛋饺子风味独特，美味又健康。

鲜肉馄饨

——拥有极致鲜香

薄薄的皮包裹着肉鲜汁美的馅儿，咬一口便会得到满口清香，蘸一点醋，有一点酸，又很鲜，真是好吃。

时间

45 分钟

材料

面粉、鸡肉馅各200克，紫菜、虾米、香油、盐、胡椒粉各适量。

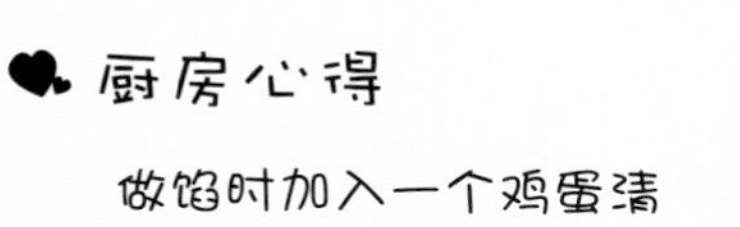

厨房心得

做馅时加入一个鸡蛋清可以使馅更鲜嫩，口感也更好。馅里也可以加豌豆苗、芹菜、西葫芦等配菜，煮馄饨的水用高汤代替更美味。

做法

① 鸡肉馅加香油、胡椒粉、盐调味。

② 面粉加水和成光滑的面团，分成小剂子，擀成馄饨皮。

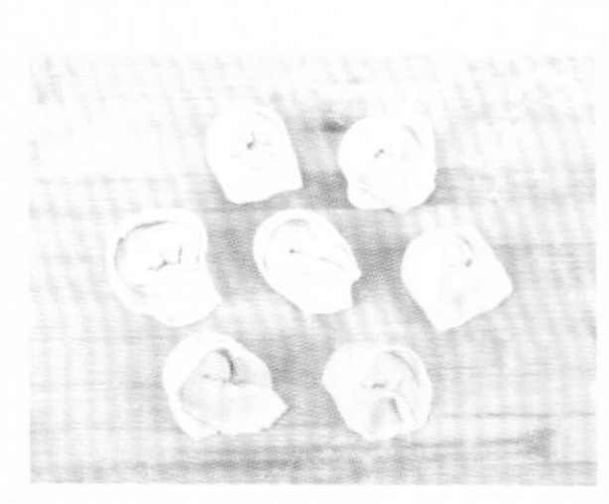

③ 将馄饨皮包入馅料。

④ 锅内水烧开，将包好的小馄饨下入其中，再放入紫菜、虾米、盐等调料即可。

营养解析

鸡肉含有优质蛋白质，很容易被人体吸收利用，有增强体力、强壮身体的作用。相对猪肉、牛肉来说，鸡肉中含饱和脂肪低，更加健康，鸡肉馄饨也能称得上营养健康的美食。

酸汤饺

——早上开启一天的好胃口

酸汤水饺是一种历史古老的风味小吃，具有 1000 多年的历史，最早是把羊肉水饺放在特制的酸汤内食用。俗话说，原汤化原食，吃饺子，当然最好要连汤一起喝，煮一碗酸汤饺，简简单单便是一顿有吃有喝的早餐。

15 分钟

材料

韭菜鸡蛋馅饺子10个，紫菜、虾米、醋、香油、盐、白糖、胡椒粉各适量。

做法

① 饺子放入开水中煮熟。

② 紫菜撕碎，虾米洗净，放入碗中，放入醋、盐、白糖、胡椒粉。

③ 饺子煮好后连汤一起舀入碗内，加几滴香油即可。

厨房心得

喜欢吃辣味的也可以加入一些辣椒油，酸辣可口，酸汤最重要的就是香醋，一定要用香醋或者老陈醋来调味，口感才最好。

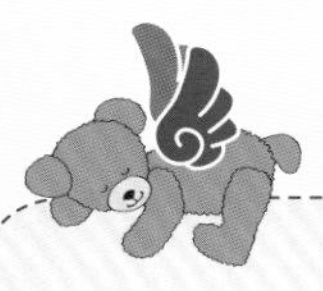

营养解析

醋含多种有机酸，吃醋可以增强食欲，促进消化。韭菜含丰富的叶绿素、膳食纤维等。早上来一碗香喷喷的酸汤饺，美味营养又不会造成单餐能量摄入过多，宝贝舒服，妈妈开心。

鲅鱼饺子

——吃一次便难忘的饺子

相传，有一个老妇人临终前想吃海鲜，她的女婿便冒着风雨下海了，可还是没赶上。后来女儿女婿为了纪念老母临终前念叨的“罢了，罢了”，而将当时捞回来的鱼取名为鲅鱼。后来有的地方也有了女婿给岳父岳母送鲅鱼的习俗。

时间

50分钟

材料

面粉200克，鲅鱼肉150克，肥肉50克，葱姜水、盐各适量。

做法

① 鲅鱼肉、肥肉洗净，剁碎。加葱姜水、盐搅拌均匀。

② 面粉加水和成光滑的面团，分成小剂子，擀成皮。

③ 包入调好的馅，包成饺子。

④ 锅内水烧开，将包好的饺子下入其中，煮开后加冷水，反复3次，即可捞出食用。

厨房心得

做馅时要顺时针搅拌肉馅，加入葱姜水，搅拌至粥状，抓起能在凉水上漂起。最后加盐和油。鲅鱼要买不破肚、表皮光滑、鲜亮的。鱼越新鲜，做出的饺子味道越好。馅里还可以加香菇、韭菜等调味。

营养解析

鲅鱼肉质细腻、味道鲜美，含丰富的蛋白质、矿物质等营养元素。常食鲅鱼对治疗贫血、早衰、营养不良和神经衰弱等症会有一定的辅助作用。

彩色糖果饺

——给宝贝一个缤纷的早餐

皮是五颜六色的，形状又像糖果，是饺子，还是糖果？分不清楚了，只有吃到嘴里才知道。对于不爱吃饭的宝贝来说，糖果饺早餐就是一个辨认颜色的游戏，让宝贝在填饱肚子的同时学会了认知颜色。

时间

60 分钟

材料

紫甘蓝 300 克，菠菜 300 克，胡萝卜 1 根，面粉 300 克，鸡肉香菇馅 250 克。

做法

① 把紫甘蓝、菠菜、胡萝卜洗净，切小块，分别放进榨汁机，过滤后留下蔬菜汁。

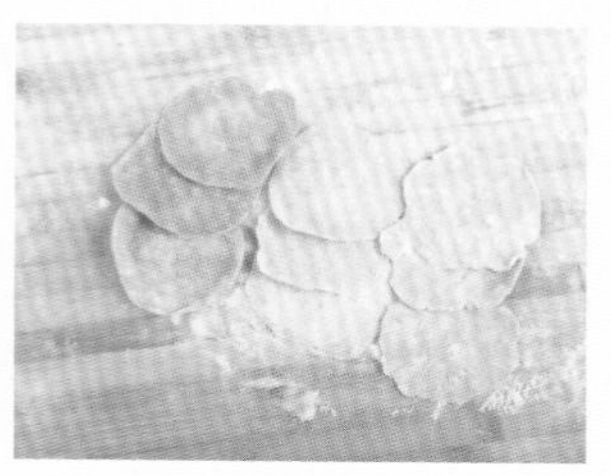

② 用蔬菜汁分别和面，和好后分割成小剂子，擀成皮。

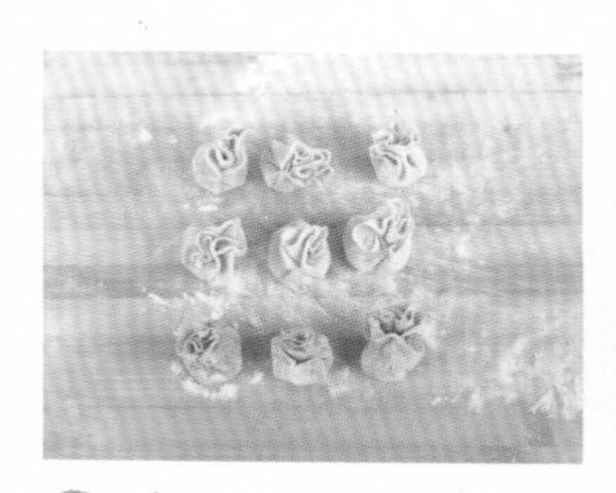

③ 皮上放入馅料，捏成糖果形状，放在一旁凉一会，以免粘连。

④ 锅内水烧开，将包好的饺子下入其中，煮开后加冷水，反复 3 次，即可捞出食用。

厨房心得

彩色饺子做一次比较麻烦，可以多做一些，放在冰箱冷冻保存。包好后直接放入冰箱待饺子变硬后放入保鲜袋内，扎紧口，以免放的时间长皮裂开。香菇在太阳下晒一段时间有利于麦角甾醇转化成维生素 D，有利于被人体吸收利用。

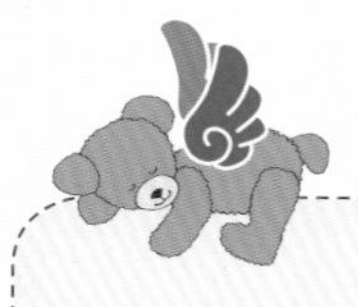

营养解析

香菇中含有大量的可转变为维生素 D 的麦角甾醇和菌甾醇。经常食用对预防人体特别是婴儿因缺乏维生素 D 而引起的血磷、血钙代谢障碍导致的佝偻病有益。彩色糖果饺，色、香、味俱全，让宝贝享受美味的同时又能感受色彩带来的美感。

冰花生煎饺

——饺子也能酥、香、脆

饺子煎一煎会形成一个香脆的底儿，一口咬下去，既有皮的松软、馅儿的鲜香，又有底儿的酥脆……

时间

25 分钟

材料

饺子 15 个，面粉、芝麻各适量。

做法

① 热锅放油，码放饺子。

② 中火煎 1 分钟，底部略微发黄。

③ 清水中加入少量面粉，搅拌均匀，倒入锅内，水位到饺子一半即可。

④ 盖上锅盖，中火煎至水干，撒上芝麻即可出锅。

厨房心得

加面粉水可以在底部形成一层焦黄的“冰花”底儿，酥香干脆，非常好吃。饺子煎好后要用铲子从底部慢慢整块掀起，扣在盘子上。生煎的最好选择素馅饺子，以免摄入过多油脂。

营养解析

饺子皮富含碳水化合物，饺子馅含有较多的蛋白质、维生素和矿物质，一碗简单的煎饺就可以补充一个上午所需要的营养。煎饺虽不如水煮健康，但吃腻了水煮饺子，来碗生煎饺有利于唤起宝贝的食欲。

第七章

营养小菜花样做，美味可口百搭吃

好饭还得好菜配，早上搞一个简单易做的小菜，不仅开胃、下饭，还能补充维生素和膳食纤维，使早餐营养更全面。

脆爽萝卜条

——清爽解腻，让宝贝吃得更香

酸脆的萝卜能够在第一时间唤醒宝贝的味蕾，打开胃口，才能“狼吞虎咽”般地解决掉早餐。如果宝贝不能吃太辣的可以选择只放一点泡椒汤，做好后妈妈一定要先尝过后再给宝贝吃。

时间

10 分钟

材料

白萝卜1根，白糖、白醋、泡椒各适量。

做法

① 白萝卜洗净，切细条。

② 放入容器内，加入白糖、白醋、泡椒，搅拌均匀。

③ 盖上保鲜膜，放入冰箱冷藏，第2天一早即可食用。

厨房心得

放一些柠檬汁不仅可以增加酸度，还有柠檬的清香。白萝卜一定要选择新鲜水分多的，这样腌出的萝卜才能更脆。泡椒要根据宝贝对辣的接受能力选择放或者不放、放多少。

营养解析

白萝卜中含有维生素C等多种维生素。除了维生素，白萝卜中的膳食纤维含量也是非常可观的，尤其是叶子中含有的植物纤维更是丰富。这些植物纤维可以促进肠胃的蠕动，缓解便秘。

紫甘蓝蛋黄沙拉

——蔬菜其实很美丽

春天天干物燥，杨絮、柳絮漫天飞舞，常常会让人皮肤痒痒，有时还有小红疙瘩出现，吃一点紫甘蓝，痒痒、疙瘩都不见。

时间

15 分钟

材料

紫甘蓝半棵，蛋黄酱、橄榄油各适量。

做法

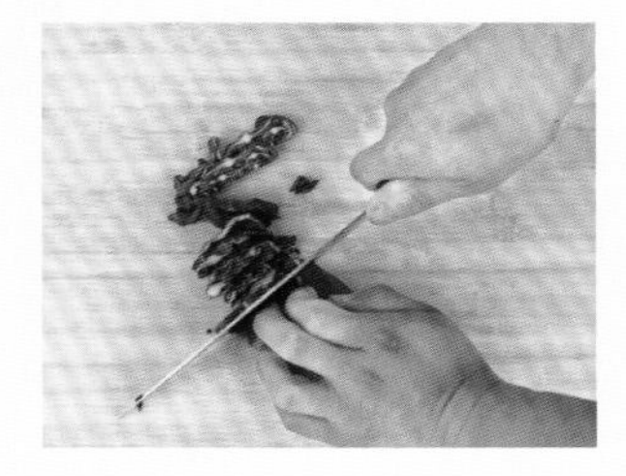

① 紫甘蓝剥去老叶，洗净，切细条。

② 紫甘蓝焯水 1 分钟，捞出沥干。

③ 紫甘蓝晾凉后放入容器内，加蛋黄酱、橄榄油拌匀即可。

厨房心得

这款紫甘蓝蛋黄沙拉不加橄榄油也可，更显清淡。在炒或煮紫甘蓝时，要想保持其艳丽的紫红色，在操作前必须加少许白醋，否则，经加热后就会变成黑紫色，影响美观。

营养解析

紫甘蓝含有丰富的硫元素，这种元素的主要作用是杀虫止痒，因而经常吃这类蔬菜对于维护皮肤健康十分有益。患有甲状腺疾病的人可能不宜吃紫甘蓝等十字花科蔬菜。

老醋花生

——酸脆中带点甜

花生一直都是人们喜爱的一道小菜，做好了放着既可以当菜吃，也可以当小零食。老醋花生不仅宝贝喜欢吃，也是老爸的最爱。早上一盘花生米，老爸和宝贝抢着吃。

时间
25 分钟

材料
花生、白糖、盐、白醋各适量。

做法

① 花生用水冲洗干净，用纸巾把表面水分擦干。

② 锅里放油，冷油时就倒入花生快速翻炒，以保证花生能够均匀受热。

③ 待花生有炸开的响声后再炒一会儿，待有香味且差不多都裂开时起锅沥油。

④ 将白醋、白糖和少许盐调成味汁，倒入放冷的花生里拌匀即可。

厨房心得

花生可以提前一晚炸好，然后铺开晾凉，一定要凉了才能脆。调料一定要现吃现拌。

营养解析

花生含油脂高，并含有锌、钙等矿物质和维生素 E。钙是构成人体骨骼的主要成分，故适量食用花生，可以促进人体的生长发育。花生中的卵磷脂和脑磷脂，是神经系统所需要的重要物质，能延缓脑功能衰退，常食花生可改善血液循环、增强记忆力。但花生容易受到具有显著致肝癌作用的黄曲霉毒素的污染，因此霉变花生一定不能吃。

爽口大拌菜

——五彩缤纷又爽口

鲜翠的苦菊，嫩绿的黄瓜，红黄彩椒，紫色的甘蓝，米黄的杏仁……按颜色挑着吃，妙趣横生的解腻爽口菜。喜欢沙拉的也可以做成多彩蔬菜沙拉，沙拉的独特口感充斥着味蕾。

时间

20 分钟

材料

苦菊、生菜、黄瓜、小西红柿、红彩椒、黄彩椒、紫甘蓝、大杏仁、橄榄油、醋、生抽、糖、盐各适量。

做法

1. 将蔬菜洗净，放入淡盐水中浸泡5分钟。

2. 苦菊、生菜、彩椒、紫甘蓝洗净撕成小朵，小西红柿对半切开，黄瓜切片。将洗好切好的蔬菜放入大的容器中。

3. 取适量橄榄油、醋、生抽、糖、盐倒入蔬菜中，拌匀即可。也可加点香油及亚麻籽油，营养又健康。

厨房心得

拌菜的选择范围很广，所有爱吃的蔬菜都可以用来拌，能生吃的直接拌，不能生吃的焯水后再拌。

营养解析

苦菊中含有丰富的胡萝卜素、维生素C以及钾、钙等，对促进生长发育和消暑保健有较好的作用。绿色蔬菜之所以营养价值相对高，是因为富含维生素C、B族维生素、钾、钙等营养素。爽口大拌菜需要考虑到宝贝的年龄及生吃菜的能力。橄榄油含有较多的单不饱和脂肪酸，而宝贝发育需要多不饱和脂肪酸，因此拌菜中加点橄榄油，营养又健康。

拍黄瓜

——一拍一拌一道好菜

一根黄瓜，拍一拍，拌一拌，配米粥，就馒头，易做又百搭，辣妈一辈子一定要学会的一个拿手菜。

黄瓜拌好后放入冰箱冷藏一会儿，更爽口。

时间

15 分钟

材料

黄瓜 2 根，香油、盐、蒜泥、醋各适量。

做法

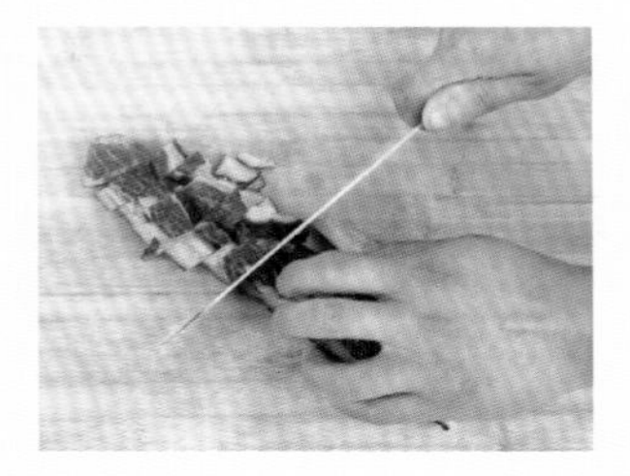

① 将黄瓜洗净，拿一块干净的布包住黄瓜(这样拍黄瓜的时候，不会瓜汁四溅了)，放在案板上用刀拍开，顺长切成两半，并采用抹刀法将其切成小抹刀块。

② 将切好的黄瓜块放入盆内。

③ 拌入盐、蒜泥、香油即成。食用时盛盘内可淋入少许醋。

厨房心得

没有香油，淋入花椒油亦可，喜欢吃辣的也可以加一些辣椒油。调料里加点白糖或者蜂蜜可以使菜品酸甜可口，更好吃。

营养解析

黄瓜含有维生素 B_1，对改善大脑和神经系统功能有利，能安神定志。蒜泥具有杀菌作用，在夏季适量吃点蒜有利于减少腹泻发病风险。但 3 岁以内的宝宝不适合吃太多的生蒜。因此，宝贝吃的拍黄瓜，一定要注意蒜泥的用量。

糖拌西红柿

——经典的中式沙拉

夏天炎热的早上不想吃饭，吃咸了容易渴，肉的太腻，炒菜太麻烦，那就试试拌西红柿吧，操作简易到家，酸甜无可比拟。

吃完西红柿也
不要放过碗底
酸甜的西红柿
汁哦。

时间

10 分钟

材料

西红柿2个，白糖适量。

做法

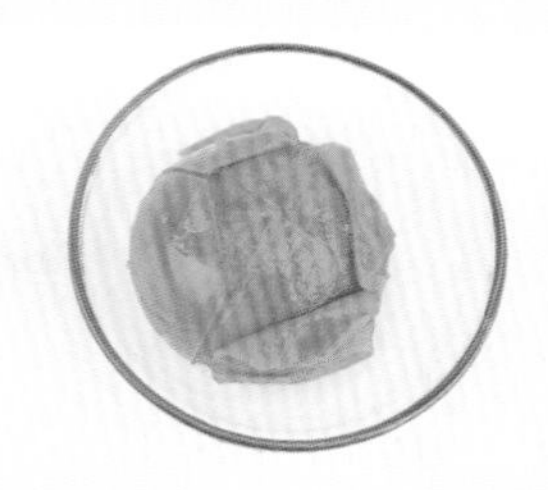

❶西红柿洗净，然后顶部划十字刀，用开水烫一下，这样就非常好去皮了。

❷把西红柿的皮撕掉，切成小块，放到容器里。

❸上面撒白糖腌一会即可。

厨房心得

糖拌西红柿一定要选择熟透的西红柿。未熟西红柿含有大量“蕃茄碱”，吃多了会发生中毒，出现恶心、呕吐及全身疲乏等症状。

营养解析

西红柿含有丰富的胡萝卜素和B族维生素。西红柿多汁鲜嫩，并且含有苹果酸、柠檬酸等弱酸性的成分，这些对肌肤十分有益，能使皮肤保持弱酸性，是使肌肤健康美丽的重要方法。

荷塘小炒

——送给宝贝的初秋礼物

雪白的藕片，乌黑的木耳，搭配碧绿的西蓝花，不说别的，单单视觉上就给人一种舒适的感觉，爱吃肉的宝贝也会吃一次就爱上它。可以搭配山药、胡萝卜一起炒，颜色更美，营养更多。

时间
25 分钟

材料
藕 300 克，西蓝花 200 克，木耳 100 克，盐、醋各适量。

做法

① 木耳泡发，洗净。藕洗净，去皮，切片。西蓝花洗净，掰成小朵，用盐水浸泡。

② 藕、西蓝花焯水，沥干。

③ 热锅放油，倒入西蓝花、藕片、木耳翻炒，加盐、醋调味即可。

厨房心得
这款小炒的具体配菜可以根据自己的喜好来搭配，藕、西蓝花、木耳可以前一晚准备好，放冰箱冷藏，第2天一早炒一下即可。

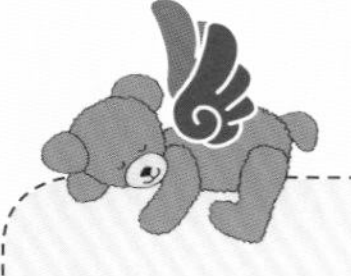

营养解析
藕富含碳水化合物、B 族维生素及钙、磷、铁等多种矿物质，肉质肥嫩，口感甜脆。木耳含有铁、多种氨基酸以及特有的植物化学物。西蓝花营养价值很高，含有丰富的维生素 C，具有抗癌功效。荷塘小炒算得上营养健康的美味佳肴。

茼蒿炒蛋

——黄绿相间的"快菜"

青绿的茼蒿，加上嫩黄的鸡蛋，颜色清淡，营养却丰满。茼蒿炒鸡蛋，做着简单，炒起来也快。茼蒿剁碎，拌在蛋液里，摊成鸡蛋饼，做个造型，又是一种美好的享受。

时间

15 分钟

材料

茼蒿 1 小把，鸡蛋 2 个，盐适量。

厨房心得

茼蒿也可以焯一下再炒，可以使色泽更好，口感更好。

做法

① 茼蒿洗净，切段。

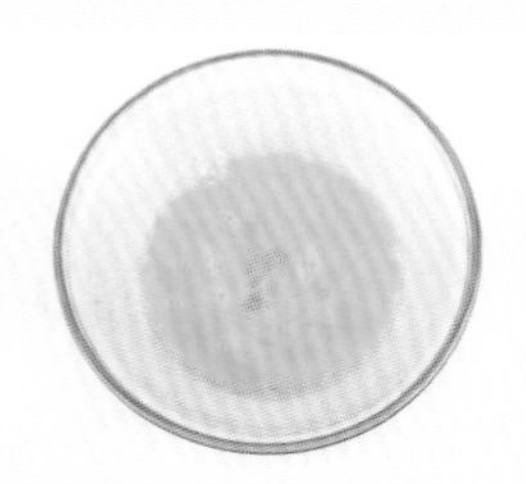

② 鸡蛋打入碗内，加少许盐，搅拌均匀。

③ 热锅放油，倒入鸡蛋，翻炒至成型，盛入碗内。

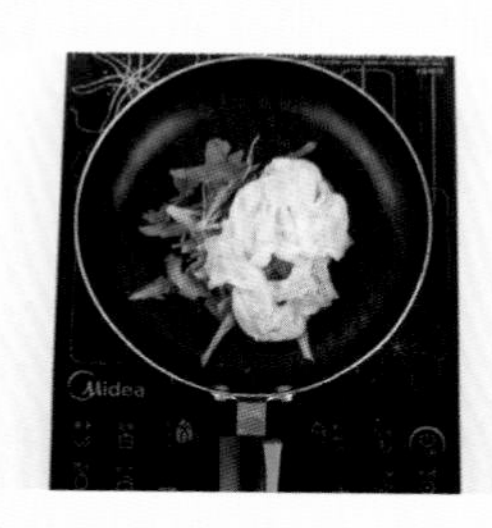

④ 锅里放油，油热后倒入茼蒿翻炒，放盐，九成熟时放入鸡蛋炒匀即可。

营养解析

茼蒿营养十分丰富，除了含有维生素 C 之外，胡萝卜素的含量比菠菜高，并含丰富的钙、铁，所以茼蒿也称为铁钙的补充剂。茼蒿炒蛋，营养又美味，有荤又有素。

第八章

五谷杂粮做豆浆，米糊果汁总动员

豆浆是中国传统的一种饮品，也是一款老少皆宜的营养品，在西方被誉为“植物奶”。豆浆含有丰富的植物蛋白和磷脂，还含有铁、钙等矿物质，尤其是其所含的钙，非常适合于儿童和青少年。

南瓜黑豆浆

——优质蛋白助宝贝健康成长

黑豆具有高蛋白、低热量的特征，在植物来源的食物中，含有的蛋白为优质蛋白，并且含有丰富的赖氨酸，能弥补小麦、大米中的不足，起到蛋白质互补作用。

时间

10 分钟

材料

黑豆 60 克，南瓜 30 克。

做法

1. 将黑豆用水浸泡 10~12 小时，捞出洗净；南瓜去皮，去瓤和子，洗净，切小块。
2. 把上述食材放入豆浆机中，加水至上下水位线之间，启动豆浆机。待豆浆制作完成，过滤即可。

厨房心得

南瓜洗干净，切小块，可以不去皮，因为南瓜皮的营养也很丰富。

营养解析

南瓜含有大量 β-胡萝卜素和糖类，可以转化成能量，供人体驱寒。黑豆含有优质蛋白、多种矿物质和维生素，称得上食补佳品。

南瓜豆浆也适合糖尿病儿童。

罗汉果豆浆

——神仙果带来不一样的美味

罗汉果被称为“神仙果”，那罗汉果做成的豆浆呢？自然是神仙水了。宝贝感冒时不妨试一试这款神仙水，看能不能药到病除。

时间

10 分钟

材料

罗汉果 40 克，黄豆 60 克。

做法

1. 将黄豆用清水浸泡 10~12 小时，捞出洗净；罗汉果去壳，取仁。
2. 把黄豆、罗汉果仁放入豆浆机中，加水至上下水位线之间，启动豆浆机打豆浆，制作完成后过滤即可。

厨房心得

罗汉果和黄豆可以前一晚直接放入豆浆机，家里有定时开关的可直接预约早上起床前 30 分钟启动豆浆机即可。

营养解析

罗汉果含有十多种人体必需氨基酸、脂肪酸等，被誉为“神仙果”。罗汉果豆浆，将坚果与豆类完美结合，营养互补。更适合 3 岁以上宝贝，幼儿也可以偶尔食用。

罗汉果豆浆还可以保护嗓子。

核桃藕粉米糊

——坚果补脑第一名

小宝贝的智力发育跟饮食息息相关，只有聪明的妈妈才知道，让宝贝吃得开心，在开心中摄入更多益智因子。

时间

5 分钟

材料

核桃仁 60 克，藕粉 40 克，白糖适量。

做法

1. 将核桃仁洗净。
2. 把核桃仁、藕粉一起加入豆浆机，加水至上下水位线之间，按“米糊”键，直到煮好为止，倒出加入白糖调味即可。

厨房心得

也可以把核桃仁打成浆以后，加热水冲泡藕粉吃。

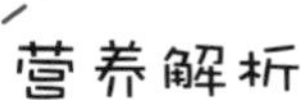

营养解析

核桃含有丰富的不饱和脂肪酸，包括亚油酸和亚麻酸。藕粉含丰富的碳水化合物，铁的含量也很高，每 100 克藕粉含铁量可达 17.9 毫克。

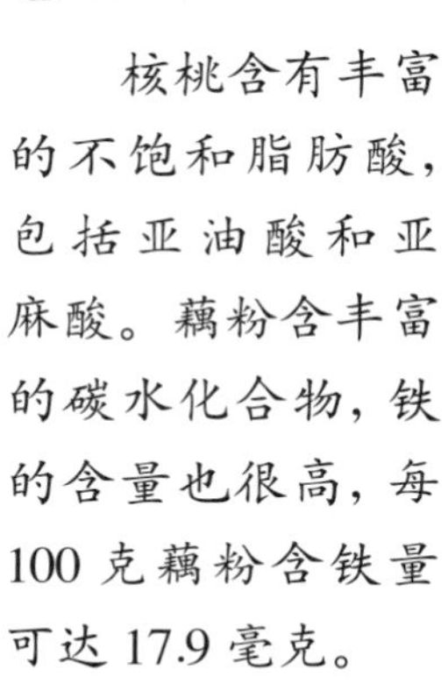

核桃藕粉米糊搭配 1 个水煮鸡蛋便可作为早餐。

燕麦核桃豆浆

——帮助成长添动力

燕麦核桃豆浆，补脑通便，一箭双雕。

时间

25 分钟

材料

黄豆 60 克，燕麦片、核桃仁各 15 克，冰糖 10 克。

做法

1. 将黄豆用水浸泡 10~12 小时，捞出洗净；核桃仁洗净，碾碎。
2. 把黄豆、燕麦片、核桃仁放入豆浆机中，加水至上下水位线之间，启动豆浆机。
3. 待豆浆制作完成，过滤后加冰糖拌匀即可。

厨房心得

黄豆、燕麦片、核桃仁可以前一晚直接放入豆浆机，定时开关直接预约早上起床前 30 分钟启动豆浆机即可。

营养解析

燕麦片含有一定量的纤维，利于通便。燕麦核桃豆浆能为孩子的成长补充钙质，还能提供各种健脑益智的营养。

核桃燕麦豆浆也很适合便秘的宝贝。

菠菜蛋黄米糊

——半岁以上的宝贝都能吃

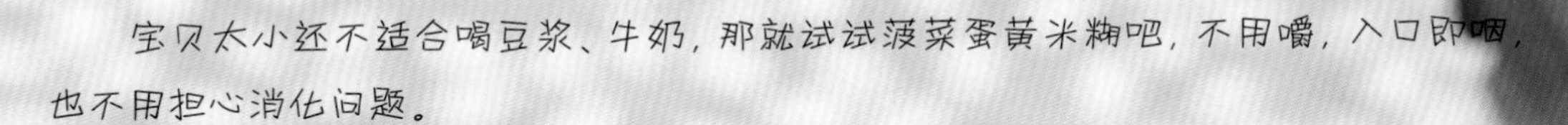

宝贝太小还不适合喝豆浆、牛奶，那就试试菠菜蛋黄米糊吧，不用嚼，入口即咽，也不用担心消化问题。

时间

30 分钟

材料

菠菜 30 克，熟鸡蛋黄 1 个，粳米 30 克。

做法

1. 粳米淘洗干净，浸泡 2 小时；菠菜用开水焯后，过冷水，切段。
2. 将粳米、鸡蛋黄、菠菜放入豆浆机中，再加水至上下水位线之间，按“米糊”键，加工好后倒出即可。

厨房心得

菠菜焯水时间不宜太长，1 分钟即可，焯水后要沥干水分再切段，可提前一晚备好放冰箱冷藏，早上直接用即可。

营养解析

蛋黄含有丰富的蛋白质、卵磷脂、钙、锌等，菠菜含有多种维生素，此款米糊营养全面，有利于宝贝的肠胃吸收，能够增强宝贝的免疫力。

菠菜蛋黄米糊适合 6 个月以上的宝宝吃。

胡萝卜苹果橙汁

——生活更加甜蜜蜜

早上吃肉了，感觉太腻？那就喝杯果蔬汁吧，解腻爽口又能补充维生素，更多的膳食纤维还可以增加肠胃动力，有助于消化吸收。

时间

25 分钟

材料

胡萝卜 40 克，苹果半个，橙子 1 个。

做法

1. 将所有原料分别洗净，苹果去核、橙子去子，所有原料均切成 2 厘米见方的小块。
2. 把以上材料放入豆浆机中，加水至上下水位线之间，按“果蔬汁”键进行榨汁，制作好后倒出即可。

厨房心得

胡萝卜、苹果、橙子准备好后放冰箱保存，早上起来放入豆浆机，洗漱的同时就可以制作一杯果汁。

营养解析

这款果蔬汁可以为宝贝开胃，补充多种维生素，消除体内的自由基，排毒护肤，加强身体的免疫力。

早上吃煎包子、饺子时搭配一杯果蔬汁，解腻又营养。

红薯苹果牛奶

——让肠道更轻松

淡淡的牛奶宝贝不爱喝，那就试着改变一下牛奶的味道吧，加一些甘甜的红薯和苹果，不仅使牛奶的口感更细腻，味道也变得更好喝了。

时间

25 分钟

材料

红薯 70 克，苹果 1 个，牛奶 150 毫升。

做法

1. 红薯洗净，去皮，切小块，蒸熟；苹果洗净，去皮，去核，切小块。
2. 将红薯和苹果放入豆浆机中，加入牛奶，再加水至上下水位线之间，按“果蔬汁”键进行榨汁，制作好后倒出即可。

厨房心得

红薯也可以换成紫薯。红薯、苹果前一晚备好放冰箱，早上直接倒入豆浆机即可。

营养解析

红薯含有丰富的膳食纤维，有利于排便；牛奶内含丰富的蛋白质和钙等营养成分。这款果蔬汁可增强儿童身体免疫力，促进骨骼生长。

红薯苹果牛奶能让不爱喝牛奶的宝贝也喜欢上喝牛奶。

樱桃酸奶

——酸酸甜甜开胃口

小宝贝大都喜欢酸甜的口味，早上来一杯樱桃酸奶不仅可以补充营养，还能开启一天的好胃口。

时间

25 分钟

材料

樱桃 20 颗，酸奶 250 毫升。

做法

1. 樱桃洗净去核。
2. 将樱桃放入豆浆机中，加入酸奶，按“果蔬汁”键进行榨汁，制作好后倒出即可。

厨房心得

樱桃清洗时可先用面粉水浸泡，且一定要提前洗净，因为清洗樱桃比较浪费时间。有条件的妈妈可以为宝贝自制酸奶，更健康。

营养解析

樱桃含胡萝卜素、维生素 C 等，可为宝贝补充维生素 C。酸奶既可开胃，又能提供丰富的营养。樱桃酸奶营养美味兼开胃。

樱桃酸奶也可以作为宝贝的夏季解暑饮品。

第九章

锦上添花的西式餐点，给宝贝多一点惊喜

西式餐点与中式餐点在形式上有很大的不同，可果腹营养的功能却一样。不能经常带孩子去国外旅游，就用丰富多样的西点激发孩子的视觉，让宝贝在舌尖上长见识吧。

培根鸡蛋汉堡

——西式早餐能量足

汉堡是很多小宝贝都喜欢的美食，可是很多妈妈担心外面的不健康，那就自己动手，来满足宝贝"崇洋"的小胃口吧。

时间
25 分钟

材料
面包坯两片，鸡蛋1个，西红柿1个，培根3片，芝士两片。

厨房心得
也可以用里脊肉代替培根，或者根据自己口味来选择夹在中间的肉和蔬菜，如铁板鸡柳、鱼、生菜、沙拉酱等。也可以经常换着口味吃。

做法

① 不粘锅中放入少许花生油，先煎蛋，然后煎培根。

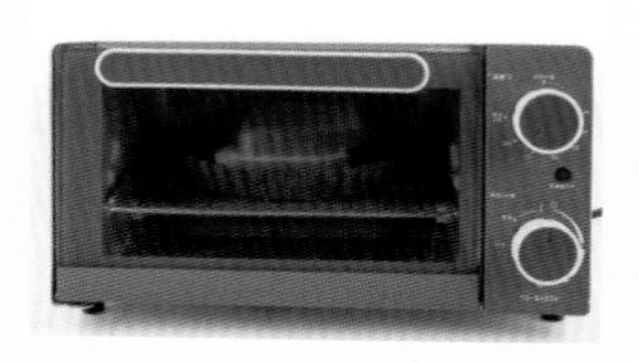

② 烤箱预热，放入面包坯加热。

③ 西红柿洗净，切片，待用。

④ 加热后的面包坯上依次放上煎蛋、西红柿、芝士片、培根片，盖上面包坯即可。

营养解析
芝士经过发酵而成，含有乳酸菌，营养价值高，含有蛋白质、钙。是补钙佳品，适合6个月以上的宝宝。乳糖不耐受的宝贝最好少吃芝士。

白吐司

——甜蜜蛋糕，早起就有

美味的蛋糕，丰富独特的营养，看着宝贝吃得爱不释手，无论牺牲多少睡懒觉的时间都值得妈妈尝试一下。在蛋糕上涂一层奶油，用果酱画几个宝贝喜欢的动物图案，还可以给宝贝当作生日礼物。

白吐司抹上果酱更好吃。

时间

65 分钟

材料

高筋面粉 250 克，奶粉 5 克，糖 25 克，盐 3 克，黄油 20 克，干酵母 3 克。

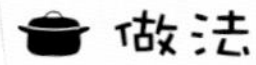

做法

① 除黄油外所有材料加水和成面团。注意预留部分水量，根据面团干湿程度酌情添加。

② 揉至面团光滑，能拉出比较厚的膜。再加入软化的黄油，继续揉面团至完全扩展阶段。

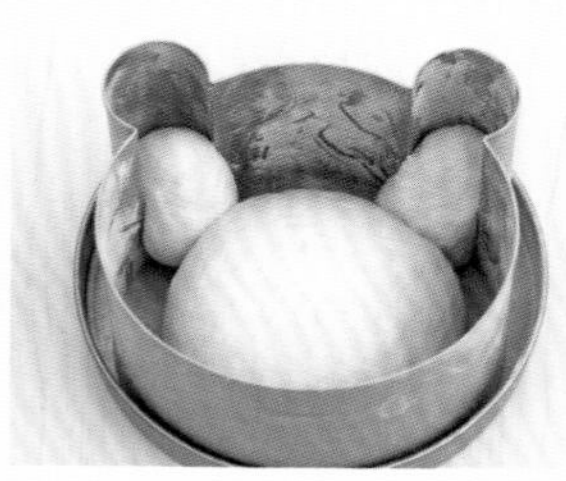

③ 将面团放在温暖处，基础发酵至 2 倍大。取出面团，排气，分割成大面团 1 个，30 克面团 2 个，滚圆后分别放入吐司模中的脸部和耳朵位置。

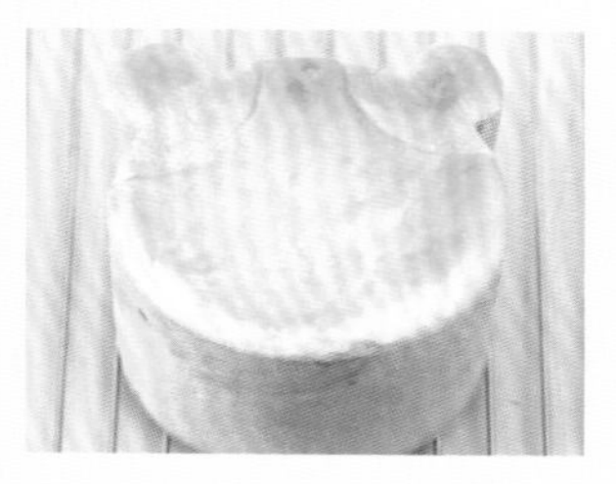

④ 放在温暖湿润处进行最后发酵。发酵至约 8 分满，盖上盖，放入预热 180℃ 的烤箱，中下层烤 35 分钟。取出立即脱模放晾架，切片造型即可。

厨房心得

模具涂黄油撒干粉防粘。烤制的时间要根据生坯的大小确定，可适当延长 5~10 分钟。

营养解析

高筋面粉含蛋白质较多，对促进儿童生长发育极为有益。白吐司让宝贝也尝尝西餐的美味。

大树和月亮饼干
——百搭饼干

饼干可以当作主食，也可以当作零食，甜甜的，脆脆的……不管怎么吃都让人吃不厌，做一次就可以吃很多天，牢牢地拴住小宝贝的胃口。

时间

50 分钟

材料

松饼粉 200 克，黄油 100 克，细砂糖 50 克，蛋黄 1 个。

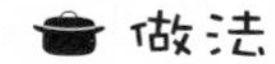

做法

① 黄油打发，加入细砂糖混合，充分搅拌。

② 加入蛋黄，继续搅匀。再加入松饼粉，继续搅匀。

③ 将面团和至光滑，用保鲜膜包好，放入冰箱冷藏 30 分钟。

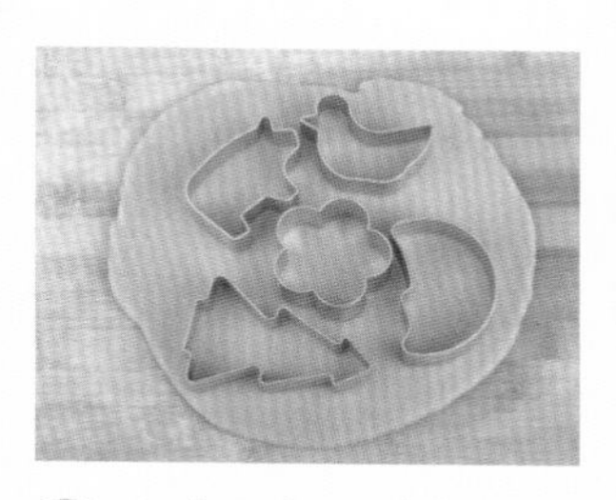

④ 取出面坯，擀成 5 毫米厚的薄片，用模具压成型。

⑤ 烤盘上铺一张烤箱纸，再将饼干坯摆好放入烤箱，170℃烘烤 10 分钟。

厨房心得

吃饼干时可淋上蜂蜜或果酱，也可涂杏仁酱夹新鲜水果一起吃。趁热食用风味较佳；隔夜食用，可用烤面包机或小烤箱烤热。

营养解析

蛋黄中含有丰富的卵磷脂、固醇类、卵磷脂以及钙、磷、铁、维生素 A、维生素 D 及 B 族维生素。这些成分对增进神经系统的功能大有裨益，因此，鸡蛋又是较好的健脑食品。但由于加入了较多的黄油和糖，能量很高，对于较瘦的宝贝可作为补充能量的良好来源。较肥胖的宝贝就要少吃了。

黄油曲奇饼干

——酥脆到极点

早上来几块酥脆的饼干，喝上一杯暖暖的牛奶，再搭配一个水果，充足的营养就像满满的妈妈的爱。在做好的饼干生坯上按上几个坚果仁，烤出的曲奇饼干会带有浓郁的坚果香味。

时间

45 分钟

材料

黄油 65 克，低筋面粉 100 克，糖粉 32.5 克，蛋液 25 克，细砂糖 17.5 克，香草精 1/8 小勺。

做法

① 将黄油切成小块，室温软化；低速打发黄油，使其颜色变浅，体积变蓬松；加入糖粉和细砂糖，低速打发。

② 分 2 次加入蛋液，每次等蛋液充分混合后再加。

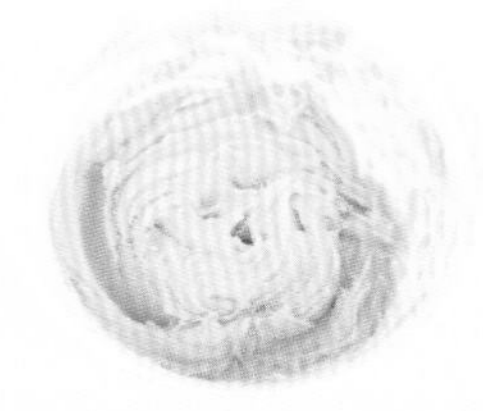

③ 混合好蛋液后，加入过筛的面粉，再用乱刀搅拌均匀。

④ 带上一次性手套，将面团分成 15 克左右，搓圆按扁码在烤盘中。

⑤ 在烤盘中挤成圈圈状或花朵状，然后放入预热好的 180℃烤箱中，中层上下火，10 分钟左右即可。

厨房心得

黄油打发前需要在室温下放至变软即可，不需溶化。一般打发至体积 1 倍大才可以。加面粉后一定要搅拌均匀。

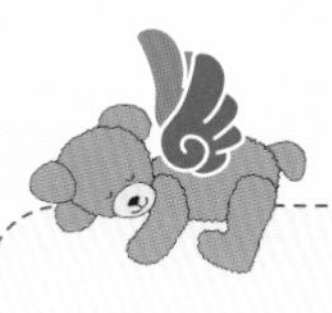

营养解析

黄油曲奇饼干属于高能量食物，酥脆的口感，让不想吃饭的小宝贝顿时有了食欲。虽不是健康食品，但可作为常规饮食的补充，让孩子换换口味。但由于含油略高，尤其是饱和脂肪，不适合吃太多，肥胖的宝贝最好不吃。

草莓酸奶马芬

——拌一拌即成的蛋糕

当飘着香味的马芬出炉，忍不住咬上一口，草莓特有的酸甜，软嫩香滑的蛋糕，禁不住又咬下了一口……上面装饰几个草莓软糖，更能吸引宝贝吃饭的乐趣。

时间

30 分钟

材料

低筋粉 100 克，鸡蛋 2 个，草莓丁 100 克，花生油 10 克，牛奶 50 毫升，泡打粉 4 克，糖 20 克，小苏打 1 小勺，酸奶 100 毫升。

做法

① 鸡蛋打散，加入低筋粉、糖、花生油、牛奶、酸奶搅拌均匀。

② 加入泡打粉、小苏打，搅拌均匀，加入草莓丁。

③ 将拌好的面糊倒入专用的马芬模具，七分满即可。

④ 180 ℃ 烤箱 20 分钟即可。

厨房心得

面糊可以倒入专用的模具，也可以选择各式各样的模具。做出来的成品各式各样，充满童趣。

营养解析

草莓酸奶马芬营养齐全，但属于高能量食品，不能作为常规饮食，尤其是超重或肥胖的宝贝不能多吃。但对于不肯吃饭、偏瘦的宝贝却是良好的食品。

酸奶蛋糕披萨

——蛋糕也能做披萨

底层是烤制后凝固了的酸奶油蛋糕，口感较厚实，配上新鲜的水果和浓郁的酸奶油，双重口感，点缀些香草，换个方式吃奶油蛋糕，这样的早餐是不是更令人期待呢？

时间

20 分钟

材料

蛋糕底1片，酸奶油、芒果、猕猴桃、油桃、菠萝各适量。

做法

① 水果洗净，切丁备用。

② 蛋糕底上抹一层酸奶油，150℃烤箱烤制10分钟左右至酸奶油凝固。

③ 在烤过的蛋糕片上放上水果丁，可按各自喜好再放上适量的酸奶油，切开即可食用。

厨房心得

蛋糕底不可以太薄，至少应有1厘米厚。

营养解析

芒果含有糖、膳食纤维，所含有的维生素A的成分特别高，是所有水果中少见的。猕猴桃含多种维生素、钙、磷、铁、镁、果胶等，其中维生素C含量很高，每100克猕猴桃含维生素C有62毫克。

煎牛排

——早餐也有情调

牛排鲜嫩多汁，柔软美味，总是让宝贝百吃不厌，第一天腌起来，早上煎一煎也很简单省事，何不多满足一下“小东西”的胃口呢。牛肉的口感，让宝贝越嚼越喜欢，还能帮助牙齿保健。

给宝贝吃选择
牛里脊肉最好。

时间

15 分钟

材料

牛肉 200 克，黑胡椒粉、黑胡椒酱、蚝油、盐各适量。

厨房心得

牛排给孩子吃一定要煎熟。

做法

① 牛肉切大片，放在面板上用肉锤或者刀背拍松，放入黑胡椒粉、蚝油、盐腌制起来。

② 热锅放油，放入牛排煎制。煎牛排一定要大火，这样利于锁住肉里的水分，不至于肉干柴。

③ 一面煎熟后翻过来煎另一面至熟。

④ 盛出，抹黑胡椒酱即可食用。

营养解析

牛肉中富含丰富的优质蛋白质，是血红素铁的良好来源，铁易吸收，可预防缺铁性贫血，改善贫血，加快贫血恢复。

图书在版编目（CIP）数据

宝贝，早餐吃什么 / 刘长伟主编 . -- 南京：江苏凤凰科学技术出版社，2015.1

（汉竹 · 健康爱家系列）

ISBN 978-7-5537-3749-2

Ⅰ . ①宝… Ⅱ . ①刘… Ⅲ . ①儿童－保健－食谱 Ⅳ . ① TS972.162

中国版本图书馆 CIP 数据核字 (2014) 第 203303 号

凤凰汉竹
阳光一样的生活书

2011 年荣获
中国民营书业实力品牌

2010 年荣获
生活图书出版商年度大奖

宝贝，早餐吃什么

主　　编　刘长伟
编　　著　汉　竹
责任编辑　刘玉锋　姚　远　张晓凤
特邀编辑　冀丽菲　武梅梅　段亚珍
责任校对　郝慧华
责任监制　曹叶平　方　晨

出版发行　凤凰出版传媒股份有限公司
　　　　　江苏凤凰科学技术出版社
出版社地址　南京市湖南路 1 号 A 楼，邮编：210009
出版社网址　http://www.pspress.cn
经　　销　凤凰出版传媒股份有限公司
印　　刷　南京精艺印刷有限公司

开　　本　710mm × 1000mm　1/16
印　　张　12
字　　数　50 千字
版　　次　2015 年 1 月第 1 版
印　　次　2015 年 1 月第 1 次印刷

标准书号　ISBN 978-7-5537-3749-2
定　　价　39.80 元（附赠营养点餐单）